# 图解 孩子青春期行为心理学

张良科◎编著

北京工业大学出版社

**图书在版编目（CIP）数据**

图解孩子青春期行为心理学 / 张良科编著. — 北京：北京工业大学出版社，2016.6

ISBN 978-7-5639-4645-7

Ⅰ. ①图… Ⅱ. ①张… Ⅲ. ①青春期–青少年心理学–图解 Ⅳ. ①B844.2-64

中国版本图书馆CIP数据核字（2016）第081751号

**图解孩子青春期行为心理学**

**编　　著**：张良科
**责任编辑**：符彩娟
**封面设计**：元明设计
**出版发行**：北京工业大学出版社
（北京市朝阳区平乐园100号　邮编：100124）
010-67391722（传真）bgdcbs@sina.com
**出 版 人**：郝　勇
**经销单位**：全国各地新华书店
**承印单位**：北京海纳百川印刷有限公司
**开　　本**：787毫米×1092毫米　1/16
**印　　张**：15
**字　　数**：218千字
**版　　次**：2016年6月第1版
**印　　次**：2016年6月第1次印刷
**标准书号**：ISBN 978-7-5639-4645-7
**定　　价**：36.80元

# 前言

一位母亲这样诉说自己的困惑：

“如今的孩子，怎么越来越不好管了？就说我的女儿，小时候挺乖的，什么话都对我们说。自从上了中学，就对我们没话了，还常常一脸心事的样子。你问她，张口就是：‘别管我，说了您也不懂。’为什么如今孩子会这样？”

一位父亲这样诉说自己的困惑：

“如今的父母，真是越来越不好当了。就说我十几岁的儿子，刚刚要长大，父母的话就不灵了，常常和我们对着干。我大学毕业，自我感觉还是有一定修养的，却也为孩子着急上火。为什么如今教育孩子这样难？”

翻开本书，我们会从中看到家长朋友们更多的困惑：

为什么孩子每到该考试的时候总是生病？

为什么孩子与父母的亲子战争不断升级？

为什么好好的孩子却陷入网瘾难以自拔？

为什么原先听话的孩子不愿意上学？

为什么孩子天天穿着奇装异服进进出出？

为什么孩子长大了不愿意和父母一起外出？

……

家长朋友们为什么有这样多的“为什么”？

有这样一则寓言：一把沉重的铁锁挂在大门上。一个人走过来，拿一根铁棒连撬带砸，不管用多大的力气，都打不开锁。另一个人走过来，拿出一把小小的钥匙，放进锁孔轻轻一转，“咔嚓”一声，锁开了。等两个人走了，迷惑不解的大铁棒问小钥匙：“为什么我用那么大力气都打不开锁，你却轻轻一下就可以打开呢？”小钥匙回答说：“因为我能深入它的内心。”

其实，家长之所以有那么多困惑，都是因为没能深入孩子的内心，都是因为没能读懂孩子的心。

青春期是人生中美好的、充满幻想和魅力的时期，但对青少年来说也是一个让他们恐惧、迷茫、不知所措的时期。这个时期的他们对生活充满信心和好奇，但生活中遇到的事情却往往让他们失去这份信心而变得孤僻、脆弱。在许多事情上，如果得不到正确的建议和指导，很有可能会造成终生遗憾。家长是青少年最亲近的人，理所当然要在青少年遇到问题的时候给他们帮助和指导。这就需要家长对青少年有一定的了解，如果连自己都不知道自己的孩子到底怎么了，就谈不上给孩子正确的指导了。

但这还不够，因为处于青春期的青少年有一个共性——叛逆性，他们并不是很愿意听从父母的指示，甚至认为父母的建议只是无用的唠叨而已。所以，青少年的父母有许多事要做，不要在孩子的问题上太自信，也不要把自己的孩子想得太天真了或太成熟。记住，他们只是青少年，他们所做的事很多只是青春期的正常行为，在很多事情上，需要做出努力的是父母。

那么，面对青春期的孩子，我们怎样才能读懂孩子的心？

一是靠直接经验，就是多回忆一下自己的想当年，多唤回一些自己的青春期。激活了自己想当年内心的直接经验，就容易读懂孩子。二是靠间接经验，就是多读书，多读读有关青春期孩子心理的书，多读读有关青春期孩子家庭教育的书。书中的间接经验，会帮家长读懂孩子。

这本书正好帮家长朋友们读懂青春期孩子的心。

这本书有鲜明的特点：在这本书中，集结了很多青春期孩子普遍存在的心理问题，并且结合现实中的事例，家长可以对照，看看自己的孩子是否也存在类似的问题。本书还详细讲了针对这些心理问题的解决办法，让家长轻松应对孩子的青春期问题。

另外，在本书中还配有图解，家长可以轻松阅读，更直观更明白，更容易找到进入青春期孩子内心的方法，缓和破裂的亲子关系，重新打造亲密的、朋友般的亲子关系。全书分为几个部分，每部分都有若干话题。

现在，让我们一同深入进去，深入青春期孩子们的内心，读懂孩子们的心。

# 目录

## 第一章 青春期孩子的变化

青春，带着痘痘一起来敲门 / 2
接纳自己的曲线美 / 5
穿什么衣服上学是一门学问 / 8
不一定只有苗条才美丽 / 11
青春期声音的改变 / 15
长了小胡子不用不好意思 / 17

## 第二章 青春期的心理问题类型

感觉自己不属于这个世界——孤独内向心理 / 22
老师的评语伤害了孩子——敏感心理 / 26
他们都那么厉害——自卑心理 / 29
他也没什么了不起——嫉妒心理 / 33
窗外有人——多疑心理 / 37
大家有的我也要有——虚荣心理 / 41
凡事不能轻松面对——紧张心理 / 45

## 第三章 青春期的孩子性情变化大

不堪压力，性情变得烦躁 / 50
孩子变成了易怒的小狮子 / 53
对未来的茫然，让孩子焦躁不安 / 57
青春期的孩子容易心浮气躁 / 60
心理承受能力差的孩子脾气往往不好 / 63
理解青春期孩子情绪的不稳定 / 66

## 第四章 叛逆的青春才“出彩”

说一句顶十句，孩子的“有理”心理 / 72
青春期的孩子就是不爱听话 / 76
老师的管教引来孩子的反感 / 79
上课捣乱，让老师生气才有成就感 / 82
青春期的“坏孩子”思想 / 85
青春期的孩子爱讲“哥们义气” / 88
叛逆的孩子难管教 / 91

## 第五章 “心理断乳期”的孩子难管教

渴望独立，不愿与父母共同外出 / 96
不予回应，充耳不闻你的唠叨 / 99
交流少了，孩子开始疏远父母 / 102
孩子有了自己的隐私 / 104
孩子不愿同父母分享所喜欢的事物 / 107
不想回家，离家出走的孩子心里想什么 / 110
学会放手，让孩子决定自己的事情 / 114
父母“太土”，孩子不愿接受父母的教育 / 117

## 第六章 学习，这件“恼人的事”

学习压力大，孩子不愿再学习 / 122
帮助孩子找到真正的学习动力 / 125
孩子偏科，要理性引导，全面发展 / 127
课外辅导让孩子感觉很累 / 131
逃学——孩子的厌学心理 / 134
帮孩子从考试焦虑中解脱 / 138

## 第七章 可怕的"青春期社交恐惧症"

青春期孩子的社交障碍 / 144
想交朋友却不知道该怎么做 / 147
最近有点烦——同学关系不佳 / 151
孩子的"输不起"心理 / 154
青春期的孩子容易过度自我保护 / 157
如何帮助孩子选择真正的朋友 / 160
孩子不懂得如何说"不" / 163

## 第八章 情窦初开时的甜与酸

青春期懵懂的性 / 168
有性幻想也不一定是坏孩子 / 171
孩子收到情书了 / 173
偷偷地喜欢上他 / 176
青春期孩子对老师的特殊情感 / 179
孩子为什么开始刻意疏远异性 / 182
理智对待孩子的早恋行为 / 185

## 第九章 追星、追潮流，是青春的向往

孩子盲目追星怎么办 / 192
追求潮流，总穿奇装异服 / 196
青春期的女孩喜欢上了化妆 / 199
穿衣追求名牌 / 202
有的孩子认为抽烟很潇洒 / 204

## 第十章 青春的心，被“网”住了

“网”住孩子心的到底是什么 / 210
沉迷于网络游戏无法自拔 / 213
网瘾宜“疏”不宜“堵” / 216
网络聊天让孩子陷入情感的旋涡 / 218
如何让网络充分发挥积极的教育效应 / 222
孩子陷入网瘾的背后 / 226

# 第一章 青春期孩子的变化

## 青春，带着痘痘一起来敲门

丽丽的脸上新长出来很多红色半透明的痘痘，用手一摸，感觉还有点痛。如果只是痛的话还是可以忍受的，可是这些小痘痘却让丽丽“破相”了，这让丽丽苦恼不已。

丽丽原本是个漂亮的女孩，她有高高的鼻梁，薄薄的嘴唇和白皙的皮肤。可能是由于皮肤太白的缘故，所以一颗颗的痘痘格外显眼。长了一脸痘痘的丽丽，失去了往日的神气，不再像以前一样咋咋呼呼，总是担心大家看到她的痘痘。

可是大家还是看到了丽丽的痘痘，同学都笑她，有一个男生还说她是“满天星”。气愤的丽丽回到家和妈妈抱怨这一切，可是妈妈不但没有替她打抱不平，反而开心地笑了出来。原来这种痘痘有一个专门的名字，叫“青春痘”，如果不是青春年少的人还长不出来呢，这是青春的象征，也是青春走过的痕迹，所以没有必要抱怨。

过了没两天，丽丽看到笑话她是“满天星”的男生，脸上也开始连绵不绝地长出痘痘了，丽丽看到他那凹凸不平的脸心里格外开心，原来不是只有自己这样啊。

青春期的孩子正处于长身体的时候，新陈代谢的速度很快，皮肤大多数都是油性的，很容易形成油脂包，而油脂包会堵塞毛孔，就逐渐形成了青春痘。所

## 父母和孩子一起战“痘”到底

如果孩子脸上长了青春痘，为了美观，孩子可能会用手去挤，这个时候父母一定要告诉孩子千万不要用手去挤，这样会在脸上留下痘印，影响美观。父母可以教给孩子下面几个妙招，让痘痘消失于无形。

第一，停止使用任何刺激性洁面类、润肤类的护肤品，避免继续刺激、堵塞毛孔。

第二，采用正确的洗脸方式，切忌用力过猛把痘痘擦破。毛巾须每天用开水消毒，最好还要在太阳底下晒干。

第三，随身携带吸油面纸，隔两个小时拿出来把脸上的油吸干，没有多余的油脂堵塞毛孔，痘痘自然长不出来。

以，对待青春痘最好的方法就是要做好皮肤的清洁工作。当然，长了青春痘也不要在心理上有压力，青春痘的出现是自然现象，心地平和地接受现实，顺其自然就好了。这是每个青春期的男孩女孩都无法避免的，等过了青春期，往往就不治自愈了。

很多孩子由于脸上有了青春痘而自卑，不敢和别人近距离交流，担心别人会注意到自己脸上的痘痘，久而久之会形成自卑心理，严重影响孩子的交际能力，所以家长看到孩子开始起青春痘的时候，要及时给孩子心理上的辅导，避免孩子因为脸上起痘而自卑，同时可以告诉孩子如何预防和减少痘痘的发生，可以参考下面几条建议：

1.告诉孩子每天用温水洗脸1~2次，帮助孩子选择清爽型的对皮肤有益的洁面乳，尽量不要使用含有油脂的洁面乳。

2.对于女孩子来说，青春期的皮肤本来就是最好的，没有必要再做修饰。所以家长要避免女孩使用化妆品，尤其是彩妆用品。在选择护肤品时不要帮孩子买香脂类或其他油性产品。

3.告诉孩子不要自己动手挤痘痘，以免发生感染，留下疤痕。

4.饮食方面，家长尽量做一些清淡的食物，多给孩子吃水果、蔬菜，少吃油腻食物或甜食，不吃或少吃辛辣刺激性食物，减少对皮肤的刺激。

5.为了防止感染，家长可以帮助孩子使用蘸有酒精的棉签涂抹长痘痘的地方，也可以涂抹少量的红霉素软膏。如果痘痘数量较多或是伴有局部红肿或炎症的话，要及时带孩子去皮肤科治疗，千万不要自己随便处理，否则很可能会弄巧成拙。

6.监督孩子养成良好的生活作息习惯，因为青春痘形成的一个重要原因就是新陈代谢紊乱，所以要努力做到早睡早起，生活规律，保证充分的睡眠。

## 接纳自己的曲线美

虽然人们习惯于把月经初潮作为女孩进入青春期的重要标志，然而，女孩最先发育的，也是最早出现的第二性征却是乳房。乳房的发育一般在8～12岁，这是进入青春期的第一标志。

丰满的乳房是女性曲线美的重要特征之一，它能让成年女性引以为傲，但却给那些刚刚踏入青春期的女孩增添了些许烦恼。这时候，不解、好奇、羞涩等情感会使一些少女感到困扰。

乳房发育后，很多女孩常常感到难为情，因为胸部比较高，有的夏天不敢穿薄而凉快的衣服；有的当别人看自己时特别不好意思，走路喜欢低头含胸；有的开始束胸，甚至买紧身衣，把胸部勒紧，不想让别人发现自己的乳房开始发育了。这都是不恰当的做法，对自己的身心是有损害的。

15岁的琪琪乳房已经发育得很丰满了，可是班上的女同学好像都没有这么高。琪琪有些不好意思，每次从别人身边经过，如果别人多看了自己一眼，琪琪就会很害羞，感觉别人是在笑话自己的胸部太高。有时听到男同学三五个凑在一块讨论女生，琪琪就会很尴尬，心里想：他们一定觉得自己这样很丑。

处于青春期的琪琪很爱美，也很想让别人都觉得自己很美，可是这高高的胸部让她没有了自信，也让她很难为情，走路的时候琪琪总是喜欢低着头，或者是弯着腰走，就怕别人注意到自己的胸部。渐渐地，琪琪就养成了含胸的习惯。妈妈看到琪琪整天这样走路，担心她的身体会变形，就决定和琪琪进行一次谈话，琪琪也将自己的苦恼告诉了妈妈。

妈妈劝慰她说："不要觉得难为情，大大方方地面对自己青春发育期的各种现象，每个女孩都是这样过来的。妈妈小的时候也是很早就发育了，那时候就算

## 妈妈要告诉青春期女儿的注意事项

女孩到了11岁左右的时候，乳腺就开始发育了，这时很多女孩会逐渐感觉到胸部的变化：胀胀的，痒痒的。这个时候是女孩乳房发育的关键时期，家长一定要告诉她们如何做才能保证乳房更好地发育。

乳房发育过程中的注意事项

告诉孩子走路时要抬头挺胸，保持背部平直。

告诉孩子端坐时应收腹紧臀，不要含胸驼背。

告诉孩子在睡眠时可选仰卧位或侧卧位，不要俯卧，以免压迫乳房。

注意身体姿势

另外可引导孩子多做胸部健美运动，并避免外伤：加强胸部的肌肉锻炼，如适当做扩胸运动或健美操等。但在运动时要注意保护乳房，避免撞击伤或挤压伤。

女同学会笑话我，我也是抬头挺胸地走路，等长大了就明白了，丰满的胸部会让自己更漂亮呢，所以你应该感到高兴才对啊。”

“我害怕被人看到，我还是偷偷地让它们长大吧，等别的女同学也长大了我再挺胸走路。”琪琪小声嘀咕着说。

“这有什么好怕的呢？当一个人昂首挺胸，就会觉得自己是最棒的，你这样含胸走路就是没有自信，别人也会觉得你是畏畏缩缩的，再说，这样会影响你的体形的，等时间一久，你的腰就挺不直了，还会影响乳房的发育呢。”妈妈耐心地劝说着琪琪。

琪琪觉得妈妈说得有道理，等别人和自己一样的时候，也许自己就没办法挺胸抬头地走路了。而且妈妈的胸比自己的还要高，也没有不好意思，自己应该向妈妈学习才对。从此琪琪走路再也不低头含胸了，人也变得自信起来。

处于青春期的女孩开始关注自己的外在形象和行为举止，有的女孩过分在意自己在别人眼中是否可爱，稍不如意就会产生自卑心理。对于身体的变化，有些少女由于心理准备不足而无法接受这突如其来的变化，尤其是发育过早的女孩。无论是在教室里、操场上，还是在图书馆，她们总是觉得处处有眼睛在监视自己。假如有的男生窃窃私语，她们就会觉得非常尴尬，于是喜欢穿很瘦很紧的内衣，这样对身体的发育十分不利。

就像琪琪这种情况属于体象障碍，这是青春期女孩常见的心理问题。过度关注自身形象，十分在意自己是否被别人接纳，这是体象障碍的主要表现。

过分在乎自身形象会使得这些女孩变得非常敏感，担心同学嘲笑指责，把过多的精力用在改善外在形象上，学习势必会受到影响。学习成绩下降后，家长有时还会指责她们，这样容易形成紧张的亲子关系。

所以如果你的女儿正处于青春发育期，作为父母要时刻关注孩子的变化，及时给予正确的指导，多和孩子进行沟通，帮助她们了解青春期的变化，使得她们顺利度过尴尬时期。必要的时候，家长可以把自己的经历及感受告诉孩子，让孩子克服自卑，开心地接受自己体形上的变化，接纳自己越来越明显的曲线美。

**教给孩子穿戴文胸的正确方法**

穿戴文胸的正确方法

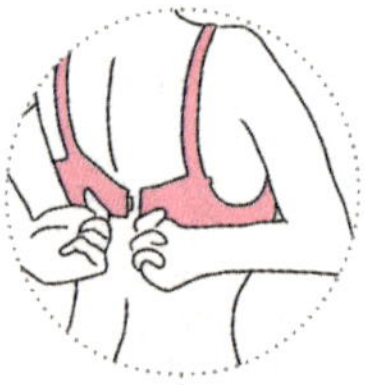

手臂穿过肩带，同时上身前倾45度，使乳房完全进入罩杯中，再扣上背带。

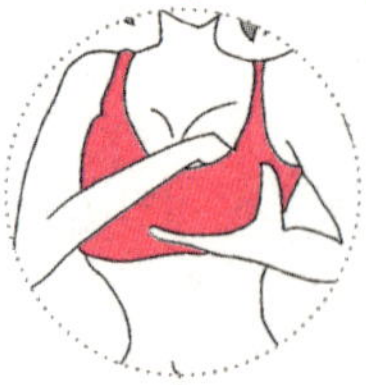

扣好后把手放进罩杯中，从腋下开始，将胸部完全拨进罩杯中。

直起身，将肩带调整到合适的位置。

耸耸肩、抬抬臂，确保文胸穿着舒服，肩带不会滑动。

## 穿什么衣服上学是一门学问

每个人都想让自己看上去是精神抖擞、富有气质的，处于青春期的少男少女更是如此，希望给别人留下一个美好的印象。为此，他们开始格外注重穿衣打扮，特别是女孩子，每天都在为穿什么衣服去上学而苦恼。

从心理学上看，第一印象特别重要，青春期的孩子也非常在意自己给人的第一印象如何，所以在周一上学前，或者在假期结束开学时总是喜欢把自己打扮一番，在镜子面前照了又照，尽量使自己更完美。而有的女孩子每天都很注重自己的形象。

小丽的父母都很喜欢干净，而且经济上也较为富裕，所以比较注重穿衣，原本小丽并不是很注意穿着，都是妈妈说穿哪件她就穿哪件，至于什么牌子什么款式并不是很在意。可是小丽在升入初二后，也开始关注自己的穿衣打扮，在每天晚上就准备好自己第二天上学要穿的衣服，尤其喜欢穿小礼服，感觉有一种优雅的气质。身边的邻居、亲戚、同学等经常夸奖小丽的穿着，小丽常常沉醉于这样的夸奖中。虽然她年纪还小，并不能十分透彻地理解高雅的含义，但是她还是很喜欢听到别人称赞自己的气质高雅。

这原本是一件好的事情，可以给别人留下好的印象，自己的心情也随之变好，可是，小丽却在别人的赞赏中越来越注重自己的形象，生怕有一点做得不好。于是，她开始特别关注衣服的搭配，经常去买新衣服，还一定要名牌的，认为这样才能穿出品位。为了第二天上学穿的衣服，在前一天晚上经常花费一两个小时甚至更久的时间来挑选、搭配衣服和其他配饰。如果第二天早晨觉得有哪里不合适，即使不吃早餐也要先打扮自己，有时甚至会因此迟到。

小丽的父母开始注意到女儿的行为有点过分了，就教育她穿衣服只要干净大方就可以了，不要太在意，追求名牌只是心理虚荣的表现。可是小丽已经像着迷了一样，不肯听父母的劝导，还是整天沉迷于穿衣打扮上。

从上面的例子可以看出，升入初中二年级的小丽正是处于青春期，这个时期的女孩随着生理、心理的变化，开始关注外表的形象，追求时尚，认为这是美的一种表现。外表美丽固然是重要的，可是内在美才是真正的美。处于青春期的孩子本身都很美，不一定要用外在的修饰来显示自己青春的美丽。既不要穿得太华丽，太追求名牌，也不要用太多饰物和化妆品，因为青春本来就是生命中最美的。

## 孩子过度注重打扮父母怎么办

1

尊重理解孩子，爱美是人的天性，孩子知道打扮了，说明孩子大了，懂得“臭美”了。

2

通过多和孩子交流沟通，逐渐让孩子明白，一个人的外貌、衣着并不是最重要的，重要的是人内在的气质、学识。

3

给孩子选择几本适合这个年龄段阅读的名人励志书籍，让孩子从书中的人物身上，理解什么才是真正的美。

4

平常，家长不要过分关注孩子的穿着，不要当着孩子的面评价别的孩子的穿着打扮。时间长了，孩子也就不会因过多关注自身的穿着而分心了。

5

在孩子面前，家长也要稍加注意自己的言行，尽量不让孩子评论自己的衣着打扮，以免孩子由关注家长到关注自身。

如果一个人没有内涵，没有教养，那么其言行往往就会失之妥当：说话走路显得唯我独尊，学问的显露成为一种卖弄。这个时候，即使穿再好看的衣服，也会显得很滑稽。要知道多数同学绝对不会羡慕一个同学的衣服是名牌，只有得体，才能有好的效果。

处于青春期的孩子爱美是十分正常的，原本脏兮兮的不爱干净的孩子变得爱干净讲卫生，是一件值得高兴的事情。可是作为青春期孩子的父母，要时刻注意孩子的心理变化，防止孩子由于爱美而变得虚荣。要给孩子灌输正确的审美观，只要穿着干净，举止得当，行为得体，就会显出独特的魅力。只有内在的魅力才是持久的，也是最迷人的。

## 不一定只有苗条才美丽

爱美是人的天性，但是因为美丽的外表而获得的自信并不是真正的自信。父母应该在孩子小的时候就灌输这样的思想给孩子，尤其是那些对自己的身材不满的女孩，不要让她们畏畏缩缩，躲在人群中自卑。

有的孩子为了追求容貌的美，描眉画唇，敷粉施朱，让自己戴上一副面具生活；有的孩子为了追求体态的美，节食束缚，想要通过减肥获得自己想要的苗条身材，却不知正处于青春期的她们会因此影响身体的发育，使得身体素质下降。青春期厌食是经常发生在一些女学生中的精神性食欲障碍。她们羡慕别的同学线条美，或者因为别人说自己胖而想得到理想身段就节制饮食。时间一长，她们非但没有如愿以偿，反而由于营养不良而导致身体弱不禁风。有的女同学上课的时候还会因为低血糖而晕倒。这样的做法有损于身体健康，损害大脑功能，是不可取的。

丹丹今年18岁，她从小身体很好，胃口也很好，其实她并不是很胖，只是由于身体结实显得稍微有点胖。她在12岁的时候，听到别的同学喊她胖子，这个年龄的丹丹知道爱美了，听到这样的称呼感到很难过，很想瘦下来。可是，她的自尊心很强，就算觉得有心理压力，她也没有告诉父母。她决定少吃饭来减肥，一定要有和别的女生一样苗条的身材。

可是丹丹的爸爸有些强势，丹丹很害怕爸爸，也不敢违抗爸爸说的话。在餐桌上，爸爸总是强迫丹丹多吃饭，没有办法的丹丹就按爸爸的要求吃完饭，然后自己偷偷躲到卫生间去呕吐，以此达到减肥的目的。

## 孩子减肥父母如何引导

告诉孩子，真正的自信并不是来自外表，而是来自充实的内心。

告诉孩子减肥会导致体质下降、身体机能紊乱、免疫力下降等。

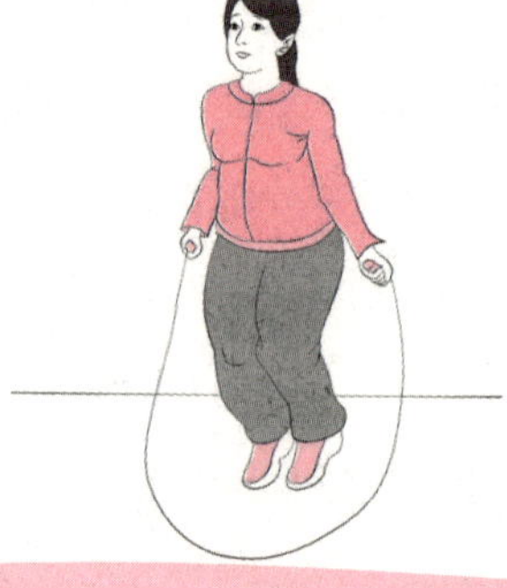

告诉孩子只有合理饮食，才能有健康的身体，如果想要瘦一点，可以适当运动。

青春期正是长身体的关键时期，一定不能让孩子盲目节食减肥。

这样的日子一直持续到高中三年级，丹丹的妈妈发现丹丹的身体消瘦得很厉害，可是丹丹明明饭量很大啊，而且最近丹丹经常生病，妈妈带她去医院做了各项检查，结果都正常。妈妈以为是丹丹的学习压力太大，就没有放在心上。可是，在高考前一段时间，丹丹由于心慌气短竟然无法正常上课，只能在家休息。直到这个时候，丹丹才告诉妈妈自己的情况，可是这个时候的丹丹已经无法控制自己吃东西了，非常痛苦，想吃东西的欲望是间歇性的，想吃的时候非常烦躁，吃完再吐出来就好了。

丹丹的妈妈想带着她去看心理医生，可是丹丹坚决不去。没办法，妈妈就在网上查看这方面的信息，想尽办法诱导她，情况有所好转，但还是会阶段性地复发。

从上面的例子中我们不难看出，这个女孩丹丹因为想要使外表美丽而使得身体健康受到损害，并且使她的心理处于极度自卑中，而父母发现得又晚，以至于女孩在出现心理问题时，才引起妈妈的注意。

女孩天生爱美，随着青春期的到来，女孩的爱美之心也日益强烈。其实，大多数女孩对自己的身材都不太满意，总认为自己的外表有缺陷。在女人追求苗条身材的今天，很多女孩选择减肥而让自己变得更漂亮。减肥本身并没有错，可是父母一定要正确引导女孩，让她们正确看待这件事，因为青春期正是长身体的时候，这个时期的营养十分重要，不能让女孩因为减肥而影响身体的发育和学习的进步。

在青春期的孩子患了某些心理疾病的时候，最好的办法就是去看心理医生，让心理医生不断引导孩子恢复正常。当然，在心理治疗的同时，还要依靠家庭的支持。

家庭的支持，实际上是周围支持的疗法，是在心理医生的指导下进行的。不过父母也不要由于担心强制性地帮助孩子改正，这样会造成一种对立的状态，反而会引起青春期孩子的厌恶和反抗。因此，在这种情况下，父母要对患者的病情表现得并不关心，而是积极与孩子建立良好的融洽的家庭关系，抓住时机，有意识地进行疏导。

青春期是每个孩子的人生过渡期，这一阶段的身心发展关乎孩子的一生，父母必须引起重视。面对孩子减肥，父母要加以正确引导，并且帮助孩子对青春的美有一个正确的认识。女孩关注自己的外表并不是坏事，但是过度关注外表就很容易变成坏事。因此，父母在孩子进入青春期之前，就应该告诉她，真正的美并不是来自外表，而是来自充实的内心。

## 如果身体确实肥胖，家长可以这样告诉孩子

1

糖类是造成肥胖的元凶之一，因此，可以告诉孩子减少糖类的摄入，但是也不能完全不吃，人体对糖的需求是不容忽视的。

2

肥胖的表现形式是赘肉，赘肉多是因为久坐、摄入高热量食品等原因造成的。可以让孩子多运动，不要长时间一直坐着，尽量少吃高热量的食品。

3

告诉孩子身体和长相是与生俱来的，不应该将时间浪费在这些虚浮的东西上，应该提高自己的素质，保持对自己的肯定是最重要的。

## 青春期声音的改变

男女青少年在进入青春期以前，两者在发音上差别是不大的，但是进入青春期后，就会出现明显不同。尤其是男孩子，说起话来会有些嘶哑，俗称“破嗓子”。当你认真观察时，会发现男孩的喉结变大了，不过不很突出，这一阶段叫作变声期。再过一个时期，男孩的嗓音就会变得粗而低沉，酷似成年男性的说话声音，这时喉结突出得很显著。喉结与变声的关系是极为密切的。

读初中二年级的小伟是班里有名的“麦霸”，不只是在每年班里组织的元旦联欢会上，他的歌曲演唱节目总是压轴大戏，每次都博得同学们的喝彩，就连平常大家一起去KTV，他也总是拿着麦克风唱个不停。

不久前的音乐课上，音乐老师让小伟给大家演唱一首拿手的歌曲。小伟高兴地站起来唱起了周杰伦的《听妈妈的话》，可是原本唱得好好的，就在小伟唱高音的时候却跑了调，并且发出了很奇怪的声音，逗得同学们哄堂大笑。不知谁还冒出了一句：“哎哟，踩着鸡脖子了吧？”另一个同学笑道：“好像是唐老鸭来了。”弄得小伟一下子脸红到脖子根，好不懊恼。又试唱了几次，仍然没有好转，他有些灰心，不敢再唱了。

音乐老师看出小伟的懊恼，就对全班同学说：“同学们，大家不要笑，小伟的声音虽然变得低沉、沙哑，但这并不是一件可怕的事，因为你们正处于青春期的变声期。这个时期的变化是一种假性变化，还没有成型，没有被完全固定下来，只要你们能及时掌握变声期嗓子的保护措施和技巧，过一段时间，是可以使嗓子恢复往日风采的。所以，小伟也不要不好意思，每个男生都会经历这个时期的。”

听了音乐老师的话，小伟心里有了一丝安慰，但这堂课的经历却在他心里留下了阴影。以前，音乐课是小伟最喜欢的课，现在，却成了他最害怕上的课，他怕听到同学们的嘲笑声。他不明白，原本很嘹亮的嗓子怎么会一夜之间变成这个样子了。小伟觉得嗓子又闷又憋，就连说话发出的声音都是沙哑难听的。

其实，这不仅仅是小伟一个人的遭遇，在青春期，男孩进入变声期后，都会有不同程度的表现。有的男孩因为不知道这是暂时现象而变得消极恐慌，这是没有必要的。这个时期的男孩应该放松心态，不用愤愤不平，也不用羡慕女生的声

## 父母如何帮助青春期男孩保护好嗓子

在青春期的变声期，男孩喉部如受到外界不良刺激，容易造成声带的永久性损伤，而导致成年后的嗓音受到很大的影响。

这个时期要告诫孩子尽量不要大声嘶叫，或长时间地大声说话。

监督孩子不要吸烟，不要做刺激性食物给孩子吃，尽量避免外界不良因素的刺激。

鼓励孩子积极参加体育活动，做到劳逸结合，防止受凉感冒。

音仍然甜美、嘹亮。

作为青春期男孩的父母，要多关注孩子的身体和情绪上的变化，在发现孩子有改变时，不要置之不理，而应该多与孩子沟通，及时解除孩子的困惑。就像男孩在经历变声期的时候，可能对于自己的新声音有些陌生和反感，甚至有可能因此不愿与人交流，这时父母要积极讲解关于变声的知识，引导孩子正视声音的改变，接受自己的这种改变。同时，父母要告诉孩子这个时期要注意的事项，帮助孩子保护好嗓子，安全度过变声期。

## 长了小胡子不用不好意思

随着性发育的逐渐成熟，很多青春期的男孩口唇上下或者两腮开始长出胡子，起初细软而稀少，以后变得粗硬而浓密。这原本是一种很自然的现象，但有的男孩看到别的男孩还没有长，而自己已经是满腮胡须了，感到很难为情。特别是处于青春期的男孩开始注重自己在女生面前的形象，这样的胡须让男生觉得很难看，在女生面前会觉得没有面子，没有自信，甚至有些男生因此而产生自卑心理。

胡须是阳刚的象征，是男人的特质。俗语说："嘴上无毛，办事不牢。"当男孩的嘴上有了胡须的时候，意味着男孩开始向真正的男子汉迈进了一大步，这个时期，男孩应该让自己的心理伴随着外表一起成长。可能男孩自己会遇到各种困惑而感到难为情，作为父母，要在这个时候及时出手帮助孩子，教他们摆脱不自在，感受长大的快乐。

小军一家人每年春节都会回老家，和爷爷奶奶一起过年，他的叔叔一家也会回家，所以每年过年都是小军最高兴的时候，可以和老家的小伙伴们一块玩，还可以一家人一起拍张全家福。可是今年过年回家，小军却并没有开心，在叔叔拿出相机给他拍照的时候，小军表现得很生气，躲避着叔叔的镜头，用手挡着脸说："我不拍照，我现在不愿意拍照。"叔叔觉得很奇怪，就问小军原因。小军指着自己的嘴唇，愤恨地说："你看看，我嘴上面黑黑的，难看死了。在我们班上，我感觉原先喜欢我的女孩子现在都开始笑话我了，总感觉有人在背后偷偷议论我。"

小军的爸爸也在身边，听到小军的话哈哈大笑起来，说："我说最近你怎么不常出门玩了呢，你是男孩子，长胡子是正常的，没有胡子才是不正常的呢，你经常看电视，没看到电视里的男人，尤其是古代的男人都留着长长的胡子吗？"

小军还是很不开心，说："可是表哥还比我大一岁呢，他怎么没有长胡子啊？我们班里也没有人和我一样，长这么多，太恐怖了，我都不好意思抬头走路了。"

"人和人是不一样的，你不能什么都和别人比啊，我看着你长了胡子比不长好看多了，多有男人味啊，都长成大人了。"叔叔在旁边也开始劝说小军。

听到爸爸和叔叔都说这很正常，小军心里稍微好过了一点，脸上勉强挤出一丝笑容，可还是不肯拍照。

过完年回到家里，小军的爸爸赶紧上网查了一些关于青春期生理心理成长的书籍，买回来放在小军的书桌上，对小军说："不用不好意思，每个男生都是这样开始变成男人的，爸爸刚开始长胡子的时候也觉得不自在，其实想开了就好了。有些问题可能爸爸也不懂，你有什么疑惑和困扰可以看看爸爸给你买的这几本书。在青春期，男孩会有很多的变化，以后有什么心里话不好意思和别人说，你可以和爸爸说说，我们也可以一起从书上找找别人是怎么做的。"

小军看过书中的介绍之后宽心多了，很多疑惑也解开了，再面对班上的同学他也显得自信了，不再只是低着头不说话了，偶尔有同学笑话小军的胡须，小军也总是说："以后你也会有的哦，到时你可以向我请教。"

其实不只是长胡子，青春期的男孩还会有身体上的其他变化，有时会让男孩有些难以启齿，不好意思，觉得自己很另类，其实并不是这样的。每一个男孩女孩在青春期的时候都会有一系列的变化，无论是生理上还是心理上，正是这些变化使得青少年男女开始逐步地成熟、长大。

在面对困惑的时候，千万不要觉得自卑，可以和自己的好朋友分享自己的小秘密，也可以和自己的父母讲一讲，问问父母在青春期是怎么度过的，可以借鉴，可以避免自己走向错误的方向。

## 爸爸要引导长小胡子的男生

长小胡子是男孩长大的标志，那个奶味十足的小不点突然长得越来越像男子汉了，这时爸爸应该挑起健康指导的重任。

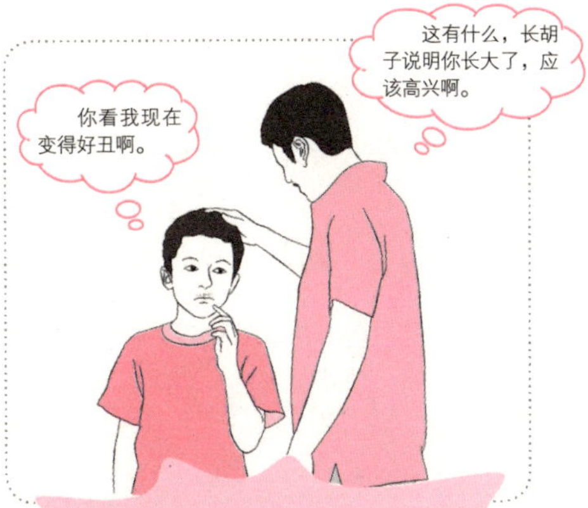


不要取笑青春期男孩那几根柔软稀疏的胡子，而是要接受男孩的青春期变化。

给青春期男孩讲解胡子的生理知识，避免青春期男孩对自己的小胡子滥施刀斧。

与青春期男孩共同期待青春期的变化，例如小胡子变成浓密的大胡子。

# 第二章 青春期的心理问题类型

## 感觉自己不属于这个世界——孤独内向心理

在现代社会，由于生存的压力，很多父母都在不停地忙碌着，他们很少去关心孩子的内心世界。然而，当孩子长大以后，面对青春期的种种问题，一些父母非常渴望知道孩子在想什么，也担心孩子由于处于青春期而犯错误，所以渴望能时不时地与孩子说说心里话。但是经过多次的尝试之后，父母失望地发现，孩子心灵的大门似乎对他们紧紧地锁上了，无论怎么努力都打不开。自己的孩子不再喜欢与人交流，总是躲在自己的小空间里，话也少了，似乎变得有些过于内向了。

韩先生是个事业很成功的人士，在单位颇有业绩的他对自己的女儿也寄予厚望，希望女儿能按照自己的想法规划人生。他的女儿也一直表现得很好，从小就很文静，是大家公认的乖乖女。但是，不知道从什么时候起，这种文静渐渐地变了味，女儿好像变得孤僻了，不喜欢与人交往，后来竟然进入了一个自我封闭的世界，她没有呼朋引伴地做过一件事，也没有同学之间的互相往来，并且也不愿和周围的长辈们说话了。

最近，韩先生的妻子告诉他，女儿的书包里好像多了一本日记，难道是女儿有什么秘密吗？毕竟女儿已经16岁了，到了青春期，说不定交了男朋友呢，想到这里，韩先生和妻子带着强烈的好奇心，在周末趁着女儿不注意，看了她的日记，可是令韩先生意外的是，女儿并没有什么秘密，日记上写的只不过是自己的发泄语，或者她观察到的同学们之间发生的事情，当然也有学习的压力等。

看到这些，韩先生放心了，至少女儿没有变坏。后来，可能女儿发现了父母偷看她日记的事情，女儿却没有对父母抱怨，也没有发脾气，只是默默地把日记本换成了带锁的。韩先生觉得女儿有些过于安静了，更确切地说，女儿的性格太内向，这些抱怨的话或者关于学习的压力，完全可以和好朋友或者自己的父母说

## 如何打开孩子的心扉

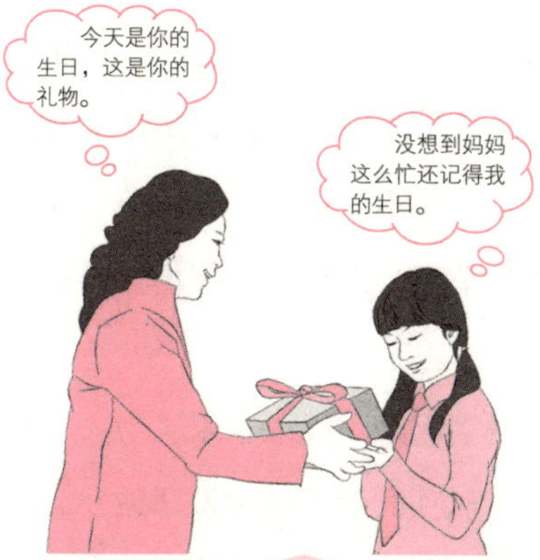

给予青春期孩子特别的关爱。青春期的孩子普遍比较敏感，所以父母要注意自己的一言一行，让孩子感受到父母的爱，从而打开自己的心扉。

学会鼓励和欣赏孩子。其实这时期的孩子由于自身的变化，急需别人的肯定，如果父母多赞扬他们，鼓励他们，多说肯定的话，孩子就会变得自信，减少他们的孤独感。

鼓励孩子多与人交往。在孩子与别人交往的过程中，孩子的注意力就会被他人吸引，心理活动就不会局限于个人的小圈子，性格也会变得开朗。

啊，可是女儿却什么都不说，只是在日记中倾诉。

其实韩先生的做法是不恰当的，偷看孩子的日记会引起孩子的反感。有时候青春期的孩子写日记并不是有什么见不得人的秘密，只是他们需要一个倾诉的对象，而他们之所以宁愿写日记也不愿意和人交流，是因为青春期的孩子都有一种孤独心理。

孩子一到青春期，随着身体的发育，他们心理上也会产生种种变化。他们对于以前父母灌输给自己的种种思想也会产生质疑，甚至不再相信成人。因此，他们觉得孤单，需要一个倾诉的对象。此时，他们急需一个完全属于自己的、父母不会干涉的空间，然后将他们的心事、小秘密都倾诉出来。于是，很多孩子选择锁上房门，用日记本记录自己一天遇到的各种快乐的、不快乐的、激动的、气愤的或者伤心的事情。当写完日记，他们的心情就会平复，抱怨也会停止，感觉自己很轻松。

其实性格孤僻、不合群的孩子，常常把自己孤立起来。心理学家认为，一个人在独处时，心理活动就会转入内部，朝向自我。孤独的孩子因为长期独处，所以心理活动的范围变小，活动的内容也会变得越来越狭窄，孩子也只能翻来覆去在某几个问题上转，再加上青春期孩子的认知是有限的，所以就会产生心理活动走向片面，从而陷入深深的孤独之中而不能自拔。

如果发现自己的孩子性格开始变得孤僻内向，父母要多鼓励孩子与他人积极交往，在互相交往的过程中，孩子的注意力会被他人吸引，心理活动就不会只是局限于个人的小圈子里，性格也会慢慢变得开朗起来。

当然，孤独内向并不是与世隔绝，虽然客观上形成了与他们交流的困难，但依然可以通过某些方式达到交流的目的。比如，在与朋友的交往过程中，父母可以让孩子知道，不只是他一个人孤独，其他人也是一样的，也会感到孤独，也需要得到别人的安慰和友谊。这样，孩子可以感受到“同是天涯沦落人，相逢何必曾相识”之感，与他人之间就会有共同语言，有利于诉说共同的烦恼，从而缓解孤独的心理。

另外，进入青春期的孩子，不论是身体上还是心理上，都产生了很大的变化。他们逐渐变成一个“小大人”，开始有自己的想法，开始自我欣赏，再加上身体上的剧烈变化让他们不适应，甚至有很多孩子对于身体的变化感到害羞和无助，他们开始变得越来越反感别人对自己的评价。对于身体和心理的困惑，他们

## 如何帮助孩子克服孤独内向的心理

作为青春期孩子的父母，如果发现自己的孩子有这样内向的性格，一定要想方法积极改善。

首先要帮助孩子端正心态，告诉孩子内向不是缺点，必须自信，要学着开朗，可以经常这样跟自己的孩子说：你很好，你很棒。

其次就是社交了，多创造机会让孩子参加聚会等活动，然后让孩子观察别人在活动中是怎么表现的，可以尝试学他们，并且家长要积极配合，让孩子在这个集体中成为主角。

最后，要培养孩子广泛的兴趣爱好。为孩子安排好丰富有益的课外生活，把他的思想感情从孤独的小圈子中解脱出来，投入广泛的活动中去。

想找人倾诉，又害怕别人会嘲笑自己，于是逐渐形成孤独内向的心理。

其实，这个时候的父母更要意识到，孩子是你的一个好朋友，他已经长大了，再和他谈话谈心的时候不能再只是命令的口气，或者把他当作小孩子，而应该平等地进行交流。在心理上也要给他发挥的空间，多欣赏他，赞扬他，多说一些肯定的话，加强他的自信心，这样可以使他的孤独感逐渐减少。

## 老师的评语伤害了孩子——敏感心理

在孩子进入青春期后，非常注重自己在别人心中的形象，无论是体形还是学习，都希望自己是最好的，因此对于别人不好的评价会耿耿于怀。有时过分关注别人对自己的评价使得孩子特别敏感，草木皆兵，不知道哪句话或者哪个动作就会触动孩子敏感的神经。有时候批评会，可有些时候表扬也会触痛孩子的心。

在现在的中学生中，有很多这样敏感的孩子，他们的内心敏感而脆弱，常常会把事情夸大，甚至会因为自己的不理智、不冷静的认知而使自己受到伤害。比如，你夸一个青春期女孩的衣服很漂亮，说她穿上以后很显瘦，她可能就会不高兴，会说："你的意思是我以前穿的衣服显得我很胖，你是觉得我很胖吗？"别人只是想夸夸她，结果她就会往别的方面去想，甚至因此而不高兴，觉得是在嘲笑自己。

姜老师所教的初中三年级的学生正是一群处于青春期的孩子，因此姜老师平时非常注意自己的言行举止，也经常看一些关于青春期孩子心理的书籍，了解到这个时期的孩子自尊心十分强，很敏感，于是无论是在上课中还是学生考试后在试卷上的评语，姜老师都非常注意措辞，尽量不伤害到孩子的心灵。

在一次期中考试后，她发现班上的一名女生小敏一个人躲在楼梯的拐角处哭得梨花带雨，姜老师很奇怪，就过去问她原因。小敏平常是个非常安静的孩子，什么心事都藏在心里，也不太爱和同学们交流，她的朋友应该也只有自己的同桌吧。姜老师无论怎么问，小敏都不回答，老师猜测了很多原因，都没有得到小敏的回应。最后，姜老师说：“是老师伤害到你了吗？如果是老师，你可以说出来，给老师一个解释的机会。”说到这里，小敏的眼泪流得更厉害了，显然，正是自己伤害到她了。

小敏转身回到教室拿出她的试卷，上面有姜老师写的评语。可是姜老师记得自己都是用很柔软的语句来写的啊。小敏指出评语中有这样一句话：“我希望能看到你和同学们在一起的更多的笑容，多和同学接触，你会发现你们的友谊是多么美好。”这句话怎么了？姜老师有些疑惑。

小敏说：“老师，你是觉得我太自我，不愿意和同学交流吗？老师给我的评语这么生硬，显然是在批评我不跟同学来往。”她多和同学交流的确是姜老师的希望，虽然姜老师已经尽量写得委婉了，可是没想到还是让敏感的小敏觉得老师这是在批评她，让她觉得伤心。

对于过分敏感的人来说，无论是责备还是表扬的语言，如果表达的恰恰是这些人最关注而又极其不自信的内容时，越会在无意间触到他们的痛处，越会招致他们强烈的反应。“虽然是简单的一句话，产生的作用却可以使这些人有被剥光的感觉。”

究其原因，其实，这是孩子们对自我认识有欠缺导致的。这样的孩子往往很容易否定自己，既不知道自己的优点在哪里，也不清楚自己的缺点是什么。他们只是盲目地认为自己不行，很容易形成一种习惯性的行为，比如习惯性的友好，习惯性的思维方式等。而这种习惯又使得他们只是单纯地对习惯产生依赖，并不能确定这种习惯是否是自己需要的。而一旦这种习惯与他们的认知产生了偏差，他们就会产生盲目的恐慌。恐慌会表现为嫉妒、害怕失去、怨恨等情绪。而性格内向又会掩盖他们这种心理，他人从表面上往往很难看出他们内心的波澜，再加上他们难以向外人袒露心声，会让人很难了解事情的真相。

过分敏感之人的悲哀在于不懂得自嘲。心理分析认为，他们的性格中混杂着羞怯、负罪感和自我惩罚的愿望。所以，在对待青春期孩子的敏感问题上，家长和老师要有耐心，循着一点一点的线索，用爱和责任引导孩子开口。只要他们肯

## 青春期的孩子太敏感

每个人都有缺点，比如长得太胖、学习成绩不好等。这些缺点有时会成为青春期孩子的敏感地带，容不得别人谈及。他们如果听到一点不对劲的言语，可能就会觉得别人是在嘲笑自己。

作为青春期孩子的父母，要帮助孩子努力克服这种敏感的性格，在孩子听到关于自己缺点的话语就把别人的话无限放大，认为他们一定是在笑话自己的时候，父母要正确引导孩子理解别人的话，避免孩子受到无谓的伤害。

在与青春期的孩子交流时，要尽量避免提及一些他们比较敏感的话题，尽量不说有歧义的话。即使在他们犯错的时候，也要斟酌语言，不要刺激到他们。

开口，事情就解决一半了。可以教会青春期的孩子适度地自嘲，向敏感的孩子证明，人们是可以拿自己来开玩笑的，这样不仅不会伤害人，而且会帮助人们以相对的观点看待事物。

## 他们都那么厉害——自卑心理

所谓“自卑感”，是指个体在与他人进行比较后，觉得自己不如别人，因而表现出无能、软弱、猥琐、精神不振等心理失衡状态。它是个体对自己能力与品质做出消极评价的一种自我意识。自卑感对青春期孩子的人生和学习都有着根本性的影响。

因为青春期的孩子大部分时间都生活在集体中，所以很容易拿自己和周围的朋友、同学相比。当自己的某一方面不如他人的时候，自卑感油然而生。他们往往把这种不如人的想法积压在心中，更会由此不愿意与朋友、同学相处。因此，他们往往很敏感，对别人都抱有很大的戒心和敌意，不信任别人。

秀秀原本是一个开朗爱笑的女孩，从小学到初中，秀秀的成绩都非常好，一直名列前茅。在升高中的时候，秀秀的好成绩让她顺利进入重点高中的加强班。可是随着学习强度的不断加大，秀秀有些吃不消，而且刚刚升入高中，秀秀也有些不适应，所以学习起来非常吃力。在高中的第一次模拟考试中，秀秀的成绩非常差，在班里属于后几名。这让秀秀心里有了很大的负担。她想好好学习赶上去，可是由于压力太大，到期末考试的时候秀秀的成绩还是很不理想，一直是尖子生的她出现了两门功课不及格。这对秀秀的打击非常大，她开始自责，又害怕别人会看不起自己，害怕别人在背后议论自己，她觉得自己在班里都抬不起头了。原本爱笑的秀秀变得沉默寡言，不愿意和同学交流。

这样又持续了一个学期，秀秀的成绩始终没能提高，老师觉得秀秀不适合继续留在加强班了，就让秀秀转到普通班上课去了。这让秀秀十分羞愧，自从进入普通班，秀秀很少和别人说话，上课也不敢回答问题，就连回家也不和父母说

## 孩子产生自卑心理的原因

孩子的自卑情绪是后天形成的，是孩子自己跟自己“较劲”的结果，当然也受外界评价的影响。孩子产生自卑情绪的原因，主要有以下几个方面：

### 性格或心理上的问题

性格比较内向、自尊心又很强的孩子，容易因一时的失败而灰心丧气，产生自卑心理，甚至自暴自弃。

### 父母或老师等一些贬抑性的评价

如果家长或老师总是对孩子进行一些贬抑性的评价，孩子就会认为自己真的很糟糕，从而产生一种很深的自卑心理。

### 经历了挫折和失败

孩子在实践中经常遭受挫折和失败，以致不能正确认识自己，这是造成孩子自卑感产生的根本原因。

话，总是把自己关在自己的小屋里不知道在忙什么。

秀秀的妈妈看到女儿的改变，已经明显感觉到了女儿深深的自卑感。可是，女儿拒绝与自己交流想法，也不愿意出门，平常走路也是低着头，不愿意被人看到，一副害怕别人认出自己会笑话自己的样子。秀秀的妈妈感到十分无奈，不知道该怎么改变秀秀的这种自卑感，让原本爱说爱笑的她转变回来。

从上面不难看出，秀秀由于心理承受能力差，在遭遇到挫折后产生了自卑心理，感觉自己不如别人，从而不愿意和他人交流，把自己关在一个小世界中。心理学家表示，自卑心理不是与生俱来的，而是在后天形成的，是孩子有了比较能力之后，把自己与他人进行比较，觉得自己不如别人，从而逐渐形成自卑心理。

秀秀的这种自卑心理，在很多升学的青春期孩子身上都出现过。升学后，孩子的生活环境、学习环境明显改变了。另外，小时候被老师重视的情况也变了，自己不再是老师关照的尖子生，周围优秀的同学太多，由于学习难度加大使得成绩有些下降，于是这些孩子变得心情低落并开始自卑起来。他们从此对学习失去了兴趣，不愿意与人交往。

由于自卑心理的存在给孩子的学习和生活带来了极大的伤害，不但破坏孩子的自尊心和自信心，甚至会泯灭孩子的进取精神，所以为了青春期孩子的心理健康，让孩子拥有一个美好的未来，家长要积极帮助孩子克服自卑心理。那么如何让孩子走出自卑的黑暗世界呢？家长可以做好下面几点：

首先，父母要坚定信心，对孩子进行积极的自我暗示。心理学家莫顿曾经提出“预言自动实现”的原则，他认为人们具有一种自动实现预言的倾向。所以，如果孩子把自己想象成胜利者，将带来无法估量的自信。当感到信心不足时，父母可以对孩子进行积极的心理暗示，能够经常性地鼓励和赞许孩子，那孩子就会感觉自己是自己行为的主人。时间长了，逐渐有了自信心，自卑感就会慢慢消失。

其次，父母要引导孩子确立合乎实际的目标，让孩子找到自信。孩子的自卑心理往往由于失望而产生，而孩子的失望情绪又与其对某件事的期望程度相关。

如果孩子对某件事情的期望值越高，事后因结果不理想、目标未达到而产生的失望程度也越深。因此，不管做什么事情，父母都不能操之过急，给孩子定的目标也不能过高，不然孩子容易遭受失败或挫折，而应该制定适合的目标，让孩子尽可能多地体验成功，从中找到自信和希望。

另外，父母要教会孩子扬长避短，学会心理补偿。每个人都有自己的优势和劣势，如果用其短而舍其长，就连天才也会丧失信心，自暴自弃；相反，如果一个人能扬长避短，强化自己的长处，即便是残疾人也能充满信心，享受成功的快乐。

## 教会孩子掌握一些消除自卑的方法

其实，每个孩子身上都有无法替代的优点和潜能，父母需要教会孩子懂得自我发现并发挥出来，那么，他们就能自信起来，父母不妨告诉孩子这样的方法：

**想一想**

对于挫折，让孩子换个角度来想，挫折和失败是对人的意志、决心和勇气的锻炼，重要的是吸取教训。

**走一走**

到郊外、山林等地方走走，散散心，荡涤一下心中的烦恼，净化一下心灵的尘埃，换回失去的理智和信心。

与别人比较不能只看到自己的缺点和不足，要想自己比上不足，但比下有余，及时调整心态，保持心理平衡，不能因小败而失去信心。

**比一比**

因此，消除孩子的自卑感，父母要教孩子善于发现自己的长处和优势，并为他们提供发挥优势的机会和条件，让孩子学会理智地对待自己的短处，寻找合适的补偿目标，从中吸取前进的动力，把自卑转化为奋发图强的动力，这也是帮助孩子克服自卑心理的关键。

## 他也没什么了不起——嫉妒心理

嫉妒是每个人都会有的，在与人交往的过程中，如果发现对方的才能、地位或者待遇等比自己要好的事实就会产生羞愧、不忿甚至怨恨等复杂的情绪。其实很小的孩子就会有嫉妒心，比如两三岁的孩子看到自己的妈妈抱别的小朋友，即使他正在旁边玩得很开心也会立刻跑到妈妈的身边让妈妈抱自己。而到了青春期，孩子的心理上发生了很大的变化，情绪极其不稳定，更容易产生嫉妒心理，这种嫉妒心理对孩子的心理健康和人际交往都是非常不利的，父母一定要时刻注意，做到及时发现、正确疏导。

嫉妒是人的一种天性，是人际关系中较为普遍的社会心理和情绪的表现。一个人如果产生了嫉妒心理，那么他常常会以自我为中心，看不见别人的优势，也发现不了自己的不足，满脑子都是怎样战胜别人、打击别人，让自己高高在上，让别人羡慕。

晓燕是家里的独生女，由于家庭条件比较好，妈妈经常给晓燕买漂亮的衣服，晓燕穿出去别人都夸她的衣服好看，在班上也总是让其他女同学羡慕，有一天，一个女同学穿了一件漂亮的裙子到学校，别人都说她的裙子好看，晓燕看到后觉得很生气，认为那个女同学抢了自己的风头，就总在背后说那个女同学的坏话。晓燕从小学习成绩就好，老师和家长都夸奖她，同学们也都以她为榜样，久

## 嫉妒心理的危害

嫉妒心理是人与人交往中存在的阴暗心理，对孩子来说，危害性很大，主要表现在以下几个方面：

### 强烈的嫉妒心理会破坏孩子的正常交往

孩子一旦有了嫉妒心理，就会与嫉妒对象之间出现冷淡、隔膜的现象，嫉妒对象越多，关系冷淡的对象也就越多，人际交往就会受到严重的破坏。

### 强烈的嫉妒心理容易造成孩子的内心痛苦

嫉妒心强的孩子，在伤害别人的同时，也在用别人的优点来折磨自己，使自己处于一种愤怒、怨恨、自责等消极的情绪中。

### 强烈的嫉妒心理对孩子的身体健康有一定的危害

嫉妒心理容易使人处于一种消极情绪中，而这种消极情绪超过人体正常的生理限度时，就会造成人体生理机能的失调，可能导致身心疾病的发生。

而久之，晓燕觉得自己是最好的，当别人偶尔比自己好的时候，晓燕总是去诋毁那个比自己强的人。

晓燕的邻居家的女孩和晓燕一样大，也是个漂亮的女生，两人在升高中时被分到了一个班里。晓燕就把她当作自己的对手，总是暗地里和她较劲。有一次，晓燕的妈妈无意中夸邻居女孩学习成绩好，晓燕就愤愤不平地对妈妈说：“那是老师包庇她！”晓燕的妈妈没有放在心上。

到了期末考试的时候，邻居女孩的复习资料丢了，于是来到晓燕家向晓燕借，晓燕对她说自己的复习资料借给自己的表妹了，没有在家里。晓燕的妈妈听到后很吃惊，晓燕根本就没有这么大的表妹，怎么可能借给表妹呢。妈妈不明白晓燕为什么要撒谎。到了晚上，晓燕在复习，妈妈端着水果进去给晓燕吃，赫然发现晓燕在看“已经借给表妹”的复习资料，而且桌子上还有一份。很显然，邻居女孩的资料是被晓燕拿来了。

晓燕的妈妈意识到问题的严重性了，就问晓燕为什么要撒谎，还偷别人的资料。晓燕生气地说：“谁让她的成绩比我好？没有了复习资料，我看她这次还能不能考得比我好。”

妈妈没有想到晓燕就因为嫉妒别人比自己学习好，就做出这样的错事，真是应该好好和晓燕谈谈嫉妒心理的危害了。

的确，对于青春期的孩子来说，他们已经有了升学的压力，开始明白了竞争的重要性，同时，也会不自觉地常常与别人做比较。但是，当发现自己的才能、外貌或者家庭条件等不如别人的时候，他们就会产生一种羡慕、崇拜、奋力追赶的心情，这是上进心的表现。但同时，由于青春期心理发展还不成熟，他们对自己各方面能力的认识还不足，就很容易产生嫉妒心理。美国著名心理学家布鲁纳曾经指出，好胜的内驱力可以激发人的成就欲望。但是如果不能正确地认识竞争，就会导致人们在相互的竞争中产生嫉妒心理。如果嫉妒过于强烈，任其发展，就会形成一种扭曲的心理：心胸狭窄，喜欢看到别人不如自己，并喜欢通过排挤别人来获得成功。

嫉妒心强的孩子，一般都有着争强好胜的性格，所以在孩子的交往过程中，

## 让孩子正确面对竞争

孩子如果能在与别人的竞争中发现别人的长处和自己的不足，不仅能客观看待对方和自己，还可以弥补自己的不足。

引导孩子在竞争中发现别人的长处

在培养孩子竞争意识的同时，要提高孩子的竞争道德水平，让孩子学会以广阔的胸襟面对竞争中的得失，让孩明白竞争是宽容的、大度的。

教育孩子在竞争中学会宽容

教孩子在竞争中合作

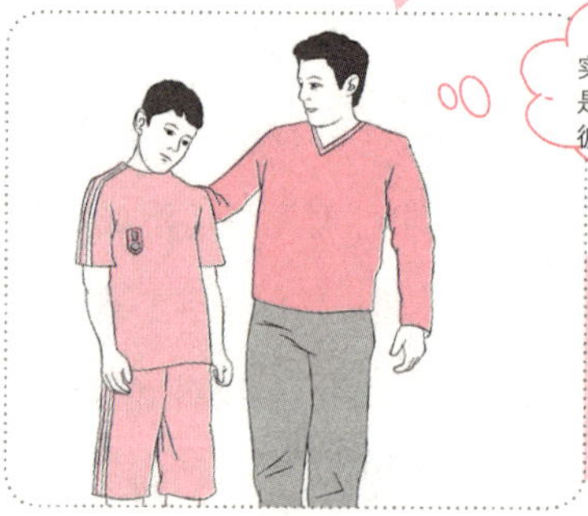


只竞争不合作只能造成孤立，带来同学关系的紧张，对学习和生活都非常不利，所以，要培养孩子在竞争中合作的意识。

总之，作为父母，培养孩子的竞争能力的同时，要让孩子明白：只有与嫉妒告别的人，才有可能获得最后的胜利，取得优秀业绩。

相互的竞争往往会让他们产生嫉妒的心理。而处于青春期的孩子大部分时间都是生活在集体环境中的，都会有几个要好的朋友，但是在这些孩子之间有一个巨大的友谊杀手，就是嫉妒。因为在同龄的孩子之间，往往避免不了竞争，因此，很多孩子在面对比自己优秀、比自己成功的朋友时，就会产生心理不平衡。有很多孩子在面对这种状况的时候说："和他做朋友，感觉自己就像个小丑一样，简直就是他陪衬。"

作为孩子的第一任教师，家长对待嫉妒心理比较强的孩子，一定要给予及时的引导和悉心的教育，注重培养孩子豁达的性格、宽广的胸怀，并且教会孩子正确面对竞争，让他们明白竞争对手不是仇人，嫉妒也不是要强，进而使孩子学会欣赏别人的成功，分享他人的快乐。

父母要引导孩子用自己的努力和实际能力去同别人较量，告诉他们竞争是为了更好地找到差距，更快地进步和取长补短，不能用不正当甚至不光彩的手段去获取竞争的胜利，这样才能把孩子的好胜心引向积极的方向。

## 窗外有人——多疑心理

处于青春成长期的青少年的心理较为脆弱、敏感，加之外界的影响、个人所受的教养方式、亲子关系的融洽程度、消极不良的心理暗示等，使有的孩子性格较为多疑。

多疑有两种表现类型。有的孩子是怀疑别人对自己不好，某事对自己不利，因而耿耿于怀，闷闷不乐，情绪反常，半天甚至几天都情绪低落，难以排解。而有的孩子是怀疑后很快对外界做出针锋相对的反应：如果觉得别人看不起他，便要以冷淡回应；如果认为别人讽刺了他，便要反唇相讥。无论是哪一种，其实都显示出，多疑性格的孩子往往和紧张、自卑、怯懦等心理相关联。

小红最近上课的时候总是精神不集中，还出现了几次在课堂上睡觉的情况。她晚上的睡眠实在太差，她总是感觉窗外面有人，睡不着觉。

小红对妈妈说自己的窗外好像有人，妈妈就去查看，可是窗外什么都没有，就算这样，小红还是睡不着。妈妈说她是太紧张了。小红自己想想也觉得窗外不

## 是什么让青春期的孩子变得敏感

青春期的孩子处于一个集体中生活，大部分时间都是和同学们一块度过的。而这些同学之间，各个方面都是参差不齐的，有的孩子因为不自信总是会认为别人针对自己，产生敏感多疑的心理。造成这个时期孩子多疑的原因，主要还是孩子自卑，不自信，具体来说有以下两种原因：

### 学习成绩不如人

这个时期的孩子总是把自己与别人比较，而比较最多的就是成绩。如果成绩不好，孩子就会认为别人都看不起他，有时别人只是客观地谈论成绩，但孩子就会觉得别人是故意嘲笑自己。

### 家庭条件不如人

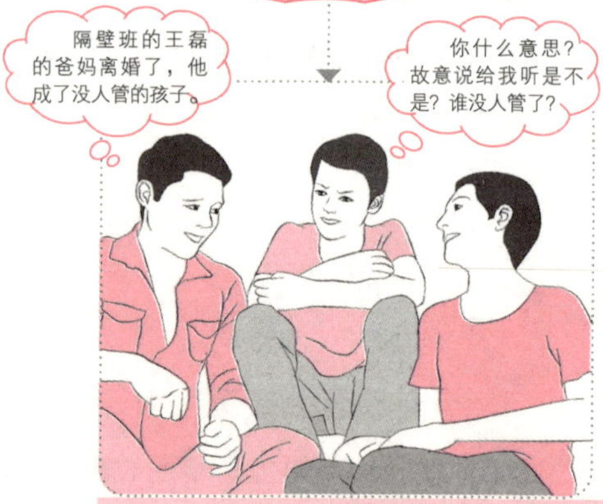


家庭条件不好的，比如单亲家庭的孩子，生怕被同学和朋友笑话，就跟身上有刺一样到处扎人，对别人的话总是多想。

父母对于这个时期的孩子，言行上一定要注意，有时一句无意的话，经过孩子的猜想之后，可能就会形成与父母本意不相同的看法，造成亲子关系的紧张。

可能有人，她家住在7楼，在这么高的地方有谁会大晚上趴在她家的窗外呢？看来的确是自己多想了。

不只是这样，在学校里，小红最近也不开心。她每天中午都是在学校餐厅吃饭的，而且一直是和小楠一块吃，可是最近这几天小楠下课后都是和另外两个女生一块吃午饭，小红只能自己一个人吃了。小红感觉小楠总是躲着自己。在和别人一块吃饭的时候，小楠她们都是开开心心地说话聊天，虽然听不到她们说了什么，可是她们的眼睛经常扫一下小红，看到小红自己一个人在吃饭也没有喊她一块吃，还是继续高兴地谈话，所以小红觉得她们一定是在说自己的坏话。

小红觉得自己的朋友变了，不愿意和自己玩了，还经常在背后议论自己，也许是小楠把小红以前说过的一些秘密告诉别人了，小红心里难过极了。而且小红觉得不只是小楠，很多同学都在议论自己，因为他们有时正高兴地说着，只要小红一靠近他们就会停止谈话，装作什么都没做的样子。所以，小红变得有些一惊一乍，感觉到处都有人对自己指指点点。

与小红不同，班上的另一个同学小田却不是这种隐忍的性格，她经常和别人打起来，而且每次都是因为别人在“讽刺”她，可是对方坚决不承认讽刺过她。可是小田总是能从别人的话中听出讽刺自己的味道来，接着她就会反唇相讥，慢慢地两个人就会动起手来。

显然小红和小田都存在多疑的心理，这也是青春期孩子们常见的心理，因为不自信或者过于看重自己的形象，开始疑心别人，往往是“说者无意，听者有心”，他们总是感觉别人在针对自己。这种心理对于青春期孩子的人际交往是十分不利的，所以，作为孩子的家长，我们要及时发现孩子多疑的心理，并及时帮助孩子用比较切实的方法解除或者减缓孩子内心的紧张、焦虑、自卑等心理，帮助他们查明真相，消除误会，鼓励孩子坦率、诚恳地把猜疑的问题提出来，心平气和地交谈，以诚相见，襟怀坦荡地解决问题。

有一种比较见效的方法，就是让孩子列清单的方法，让他们列出这样的内容并且认真思考：

我为什么会这样想？理由是什么？

除了这些，还有哪些可能？

和别人相比，我的优点是什么？他们的缺点是什么？

如果不是我想的那样，我会损失什么？

即便是我想的那样，我可以通过什么途径解决这个问题？

我和他们交流过吗？我了解事情的真相吗？

如果是那样，我就要改变吗？

我要做个什么样的人？

……

## 帮助孩子摆脱敏感

孩子如果敏感多疑，不仅会影响自己的情绪，还会给孩子的正常生活、学习和交友造成困扰，如果严重的话，还可能会因此造成心理疾病，让孩子出现轻生等危险的念头。因此，在发现孩子出现敏感多疑的倾向之后，就要积极引导孩子，那么父母具体该如何做呢？

### 让孩子学会信任

首先，父母要与孩子建立信任关系，多关注、倾听孩子，走进他们的内心，赢得他们的信任。孩子学会了信任别人，自然不会多疑了。

### 帮助孩子建立自信

孩子敏感多疑的另一个原因是不够自信，因此，父母可以通过多鼓励或者找一些孩子引以为傲的事情，让孩子找到自信。

这样的清单，可以一步步引导孩子认清自己的内心是怎样的，为什么会有这样一些乱七八糟的想法，同时也帮他们找到正确处理问题的方式。

当然，作为青春期孩子的父母，要多关心孩子的心理需求，对孩子多一些关爱，少一些指责，让孩子建立起自信。作为家长，我们也要以身作则，首先自己就要做到充满阳光、充满正能量，对待问题充满自信，不胡乱猜疑，这对孩子也是一个很好的引领。

## 大家有的我也要有——虚荣心理

心理学认为，青少年的虚荣心是一种被扭曲的自尊心，是自尊心的过分表现，是一种追求虚荣的性格缺陷，是为了取得荣誉和引起普遍注意而表现出来的一种情感反应。青春期的孩子随着生理上的变化，其心理也会产生一定的变化，出现一些心理问题。虚荣心，就是非常常见的心理问题之一。

青春期的孩子虚荣心很强，比如他们喜欢穿名牌衣服，佩戴价格不菲的配饰，在同伴或者在异性面前做一些哗众取宠的动作，等等，其目的就是要显示自己，引起大家的注意。这些举动对于青春期的孩子来说都是十分普遍和正常的，但是家长也不能放任不管，需要对孩子的这些行为及时加以引导，避免孩子因为过度追求虚荣心的满足而走上邪路。

小刚是一个农村家庭的孩子，很小的时候爸爸就去世了，是妈妈一个人把小刚养大的，平时妈妈就是靠打工挣钱来支撑家庭开销和供小刚上学。由于从小没有爸爸，小刚的妈妈就觉得孩子很可怜，不能让孩子被别人瞧不起，于是，只要别的孩子有什么，小刚的妈妈就给小刚买什么，从来不缺小刚什么。为了给孩子一个美好的童年，小刚的妈妈夜以继日地工作，从来不让小刚遭罪、受委屈。

可是升入初中的小刚到镇上去上学，班里有很多家庭条件很好的孩子，看到有的同学穿好衣服，用的东西也很高级，小刚心里觉得落差很大。而且，由于青春期的到来，小刚发生了很大的变化，他的虚荣心越来越强，为了和别的同学一样可以穿名牌，用高档产品，妈妈的那些微薄的工资已经远远不够小刚消费了。

## 青春期孩子虚荣心理的表现

这是青春期女孩常有的表现，看见别人穿了一件漂亮的衣服就会心里痒痒，要求父母给自己买更漂亮的衣服。

在青春期的孩子中，比成绩是十分常见的，但是成绩差的孩子就会故意避开这个话题，而是夸耀自己家庭的富有。

比“能耐”

由于虚荣心的关系，很多孩子在同伴面前总是喜欢炫耀自己的“能耐”，喜欢听表扬，接受不了别人的批评。

孩子的虚荣心理是要不得的，父母一定要帮助孩子舍弃这“华丽”的外衣，给孩子一个健康的心理。

可是小刚不甘心，他想让别的同学都羡慕自己，尤其是班里的女生，小刚想引起她们的注意，可是小刚没有钱。为了不在同学面前丢面子，小刚费尽了心思，想方设法地弄钱。后来，他和一个同学找到了离学校不远的一个高档商业区，在一家名表店盗窃了几十万元的现款，然后乘车逃往外地，在短短的几天时间里，挥霍掉了所有的盗窃款。他们买了最贵的衣服，去了最高级的餐厅，住了最豪华的宾馆，还专门租了一辆豪华轿车，供他们四处游玩享乐，极尽奢华。终于，在花光了所有的盗窃款之后不久，两个人被逮捕归案。

处于青春期的孩子一旦有了虚荣心理，往往都不愿意脚踏实地做事，而是采取撒谎、投机等手段去追求名利，其目的就是引起别人的注意，得到别人的羡慕和赞赏。简单地说，虚荣心就是追求虚假荣誉的一种表现，是一种病态的、不理智的行为。法国哲学家柏格森说过："一切恶性都围绕着虚荣心，都不过是满足虚荣心的手段。" 上文中的小刚为了自己的虚荣心而去盗窃，最后锒铛入狱，可见虚荣心对青少年的危害有多大。所以作为父母，必须搞清楚孩子虚荣心的表现，施以正确的预防和矫正，帮助孩子克服这一心理弱点。

对于青春期的孩子来说，虚荣心就像突如其来的狂风暴雨，它会毫不留情地冲垮孩子的谦虚谨慎、自知之明、沉着稳健，以及那颗纯洁明净的心，同时带给孩子骄傲自大、盲目乐观的情绪，让孩子像棉絮一样飘摇不定，始终找不到明确的目标，到最后还是会走向失败。

在现代社会中，自身价值的实现总是离不开社会的需要。所以，青春期的孩子必须把对自身价值的认识，建立在对社会和他人的责任感上，对于那些荣誉、地位、个人得失，都要用一种理智的心态去面对。当然，用一种理智的心态去面对个人的得失，并不是说要求每一个人都不去追求个人的尊严和利益。毕竟，人生在世，一定的荣誉、地位、尊严和利益是一个人的正常需要。

青春期的孩子虽然已经摆脱了昔日幼稚的思想而成长为青少年，但是由于认知水平的局限和虚荣心的作祟，有的孩子过分注重面子，甚至有的孩子"打肿脸

## 如何纠正孩子的虚荣心

父母应该从自身做起，不盲目追求名牌，不乱花钱，注重精神修养，给孩子树立一个好榜样。

父母采用一定的方式，比如说故事、看教育电影等，让孩子明白真正的美来自心灵，而不是外表。

榜样示范 | 认识真正的美

少表扬 | 高要求

当孩子取得了好的成绩时，尽量不要当着很多人的面夸奖，这样容易让孩子养成虚荣心。

如果孩子确实很聪明、很优秀，父母可以交给孩子有一定难度的任务，让孩子感到自己能力不足，认识到自己还需要指导。

另外，最重要的一点是，在家庭生活中，即使孩子是独生子女，也不要整天围着孩子转，否则，他会认为自己是家庭的“中心人物”。

充胖子”，让自己陷入一种进退两难的境地。所以，教育青春期的孩子树立正确的荣辱观，使孩子正确面对荣誉，是消除孩子虚荣心理的前提。

另外，很多时候，孩子的虚荣心和家庭以及父母的教育有很大的关系。现在许多父母溺爱自己的孩子，只有一个孩子，又有一定的经济承受力，所以舍得给孩子买流行的服装和高档的玩具。有些家长不注意孩子的修养和教育，喜欢在吃穿打扮、玩具图书等方面与他人比较，甚至给孩子大把的零花钱以显示自己的富有和与众不同。他们总喜欢讲孩子的优点，甚至在亲朋好友面前炫耀自己的孩子，亲朋好友为了礼貌也只讲孩子的优点，孩子在生活中听到的都是一片夸奖声，很少有人讲孩子的缺点。这样的孩子，在父母一路的“吹捧”中长大，从来不受任何挫折，就慢慢形成了虚荣心，他们只想听到好的话，接受不了对自己不好的评价。

所以，在日常生活中，父母首先要摆正心态，不要与别人攀比，也不要盲目去追求物质的享受，不要总给孩子买很多的东西，让孩子穿戴一些名贵的东西。如果孩子从小养成了这样的习惯，长大之后就觉得那些东西是他应该拥有的，他的虚荣心就会越来越膨胀。

当然，虚荣心作为一种普遍心理，已经成为人性中根深蒂固、难以根除的弱点。父母在教育孩子的过程中，应根据孩子不良虚荣心的各种表现，通过不同途径，采用及时、有利、有针对性的措施，不断改善它，诱导它走向有用的地方。

## 凡事不能轻松面对——紧张心理

对于青春期的孩子而言，他们面临着逐渐繁重的课业负担，再加上身体的变化可能一时还无法适应，所以他们很容易就会产生紧张的心理。而事实上，孩子的父母也很清楚，事情在很多时候并没有孩子看起来的那么糟糕，也没有那么严重，只要孩子换一个角度、换一种心情去看待，就能得到意外的惊喜。

娟娟是个很爱学习的女孩子，对于各种考试都想要考出好的成绩，为此，在每次考试前她都会很紧张，可是由于紧张，娟娟经常在考试之后得不到自己理想的成绩。于是，这样的情况更加重了娟娟的紧张，以至于在每次考试的前夕娟娟都会因为紧张而生病。

妈妈原本没有重视娟娟的考试状况，直到娟娟开始出现考试前就会生病的问题后，妈妈才问娟娟是不是因为太紧张，因为只要考完试，娟娟就会自己不治而愈。娟娟把自己的问题告诉了妈妈。妈妈告诉娟娟紧张情绪是很普遍的，不要想得太严重，然后妈妈还说："紧张是每个人都会有的，也许很多人在这种情况下比你还要紧张呢。不要与这种不安的情绪对抗，而是要体验它、接受它。"娟娟听得有些迷糊。

不过妈妈没有停下来的意思，接着说："此时你可以和自己的紧张心理来对话，问问自己为什么这么紧张，自己所担心的最坏的结果是什么，这样你就可以正视并接受这种紧张的心理，坦然从容地应对，有条不紊地做自己应该做的事情。"

在妈妈的帮助和鼓励下，娟娟认识到自己并没有比别人差，还有很多人比自己还要紧张呢，慢慢地，娟娟自信起来，在考试的时候也没有那么害怕了。奇怪的是，自从娟娟不再紧张之后，在每次的大考中，她总是能超常发挥。就这样，笑容又重新回到了娟娟的脸上。

娟娟为什么能有这么好的运气，每次逢大考必过？这与她轻松的心态不无关系，而这恰恰源于其母亲的鼓励。

紧张是一种不自信的表现，而青春期孩子的不自信、胆怯甚至自我否定往往都和家庭教育有关系。家长的否定或者是期望过高，都会给青春期的孩子造成一定的心理压力，当他们做不到或者做不好的时候，就会产生对自己能力的否定，觉得自己不行。当再次面对这样的事情的时候，孩子就会产生紧张的情绪。

## 孩子出现紧张心理怎么办

事实上，作为过来人的父母清楚，很多时候在孩子看来很严重的问题，其实并没有那么糟糕，只要孩子能换个角度和心情去看待，就能看到另外一片风景。那么，当孩子出现紧张心理时，父母可以帮助孩子掌握以下调适的方法：

### 告诉孩子应坦然面对和接受自己的紧张

告诉孩子如果感到紧张，那就是紧张，但不能因为紧张而无所作为。要去体验它、接受它，但不要陷入里面，不能让这种情绪控制自己。

### 教孩子学做一些放松身心的活动

教孩子做做深呼吸，或者闭上眼睛想象一些美好的事物，或者做一些与当前事情无关而自己比较喜爱的活动等。

### 督促孩子做足准备工作

很多孩子紧张是因为没有事前做足准备，常常临时抱佛脚，从而产生紧张的心理。因此，父母要督促孩子做好事前准备，这样就可以减轻孩子的紧张心理。

# 第三章 青春期的孩子性情变化大

## 不堪压力，性情变得烦躁

孩子到了青春期，除了要承受身体发育的变化带来的烦恼之外，还必须面临残酷的升学竞争。而现在的父母和老师对孩子往往寄予厚望，等于在无形中给了孩子很大的压力，容易造成孩子身心负担过重， 很多孩子承受不住压力继而会产生厌学甚至逃学的情绪。而且有的学校为了提高学生的成绩来达到高的升学率，让孩子每天学习时间长达十几个小时，课下还要布置很多的作业或者给学生发很多的试卷要求孩子做完，这样直接导致孩子正常的休息、饮食得不到保障，久而久之容易造成孩子的营养缺乏，使得孩子过于疲惫，精神萎靡，体内正常的生物节律被打乱，使得内分泌失调，继而出现烦躁不安的情绪，有很多女孩甚至出现月经失调等一系列的症状。因此，从关心孩子心理健康的角度来说，父母应该根据孩子的具体情况，科学合理地安排孩子一天的生活作息时间，不要再额外给孩子添加一些任务，造成孩子心理负担过重。对于孩子的考试，尤其是升学等重大的考试，家长不要表现得过于重视，要以一颗平常心看待，减轻孩子的心理压力。

倩倩是一名初中三年级的学生，她所在的学校是一所重点中学，而倩倩在学校的成绩一直是名列前茅的。倩倩的父母对她也很放心，老师也觉得很欣慰。平常的倩倩总是主动学习，前一天就会预习好第二天要学习的内容。而且倩倩是个很温柔的女孩子，没有什么脾气，总是爱笑。可是，就在倩倩升入初三之后，妈妈发现倩倩变化很大，尤其是临近中考，倩倩的情绪波动很大，突然就会觉得紧张、抑郁，有时会有种莫名的烦躁令她经常发脾气。这和之前的倩倩相差很大，妈妈觉得可能是孩子到了青春期，有些叛逆的原因，再加上马上就要中考了，可能压力太大，就只是劝一劝倩倩。

可是倩倩并没有因为妈妈的劝导而让情况好转，甚至出现了厌学的情绪，对于学习没有耐心，一点事情就能让她烦躁不安。倩倩觉得自己肯定考不好，有点想要放弃中考的念头。不只是情绪上，倩倩的身体上也有了很多的异常，她总是无精打采、浑身没有力气的样子。最近倩倩还对妈妈说自己的月经不正常了，小腹有点坠痛的感觉。听到这些奇怪的症状，妈妈有些担心，也认识到了问题的严重性，于是妈妈决定带着倩倩去看心理医生。

很多的父母都是只看重孩子的学习成绩，从而带给孩子很多的心理压力，加上学校老师或者孩子自身好胜心带来的压力，让处于青春期的孩子不知道如何排解，久而久之他们就会出现性情的变化，开始烦躁、厌学等。而且每个孩子出现烦躁情绪的原因都是不尽相同的，有的是因为自身给自己的压力，有的是因为学习困难造成的压力，也有的孩子是因为自己不如别人想要追赶别人又不知道如何做而出现烦躁的情绪。

所以，父母在和孩子交流、沟通的时候，一定要先了解孩子烦躁的原因是什么，接纳孩子的情绪，不要认为他们是小孩子就不放在心上，时间长了，孩子的不良情绪得不到排解会造成很多不良的后果。父母在了解原因的同时，还要给孩子正确恰当的引导和教育，帮助孩子正确认识认知、信念在情绪产生中的决定性作用，使孩子树立起主宰自我情绪、摆脱不良情绪困扰的信心。总之，帮助孩子缓解学习压力，既要治标，又要治本。

另外，学习压力大的问题多数还是出现在一些学习困难、成绩处于中游，比上不足比下有余的学生身上。他们之所以没有学好，并不是说他们的智力存在问题，绝大多数是因为孩子没有养成良好的学习习惯，有的孩子上课难以做到认真听讲，注意力也不能一直处于集中状态，而有的孩子还没有持久学习的耐性，往往是三天打鱼两天晒网，这样成绩自然无法得到有效提高。

因此，父母要注意从小培养孩子良好的心理素质，用日常生活、游戏等方式有意识地训练孩子的注意力、认真态度、较长时间专注一件事情的习惯和严谨的为人处世态度。养成良好的行为习惯之后，孩子的学习会更加主动积极，也会减

## 教会孩子化解心理压力

有的青春期的孩子心理压力过大，却不知道如何化解，父母要主动帮助孩子找到化解的方法，缓解孩子的心理压力。

哭泣法

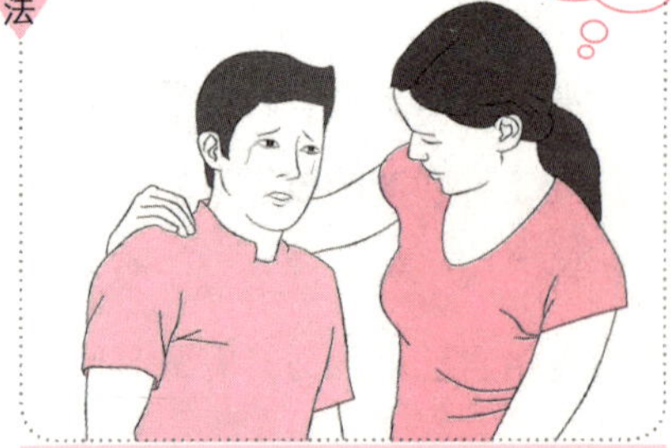


内心郁闷时，想哭就哭，哭泣是一种有效宣泄内心不良情绪的良好方法。

暗示心理法

告诉孩子在面临巨大心理压力时可以想象一些很平静温馨的事情，比如想象躺在草地上吹着微风等，这样可以在短时间内达到放松的效果。

分解法

让孩子把生活中遇到的各种压力都罗列出来，在一件一件写出来时，孩子就会发现，只要一个一个解决，其实也没什么大不了。

当然，对于学习压力过大，已经明显表现出病态心理和行为的孩子，要积极求助于心理咨询和治疗机构，在专业人员的指导下对孩子予以科学的辅导，逐步帮助孩子及时得到矫治。

少学习的阻力和困难，压力减小了，孩子的烦躁情绪自然也就减轻了。

不过家长要知道，青春期的孩子烦躁、爱发脾气是很正常的现象，不要认为孩子是变坏了，只是一味地责备孩子，这样反而加重孩子的烦躁心理。家长不能看得太重，也不能置之不理，而要采用多沟通的方式，用朋友式的平等的交流，缓解孩子的压力，帮助孩子尽快平复情绪。

## 孩子变成了易怒的小狮子

进入青春期以后，孩子的情绪就像有一个周期一样，每隔一段时间，孩子就会莫名其妙地发脾气，有时又会闷闷不乐不愿意去理睬别人，更没有心思去做任何事，可是一旦惹到他，他就会向你大发脾气，就像一只时刻都准备发怒的小狮子。这个时候的孩子情绪是消极的，不只是会影响到自己的学习生活，还会影响到自己的人际交往。可是面对这样的青春期孩子，很多父母感到不知所措，不知道如何改善孩子的情绪，更不知道从何处下手。

虽然说情绪不稳定是青春期孩子普遍的心理状态，但是情绪的波动往往会给孩子的生活带来一定的影响，还会分散孩子的注意力，而且长期的恶劣情绪甚至会使人生病，严重危害孩子的身心健康。

小健是个14岁的中学生，最近他的心情总是很不好，经常喜怒无常，有时候早晨还是心情舒畅的，可是到了下午就愁云密布。有时他觉得生活充满了挫折，使得他常常对人发脾气，有时也不是自己愿意这样，只是控制不住，往往不自觉地就对别人发火了。

在学校里大家都穿统一的校服，为了换洗方便每个人都是有两套校服的，小健也是一样，因为夏天容易出汗，妈妈都是在周三小健放学回家就让他换下校服来洗一下，所以小健已经形成了周三回家就脱下校服放到卫生间的习惯。可是这周妈妈实在太忙就忘了给他洗校服。到了周末的时候，小健又换下一身来放到卫生间。看到放脏衣服的篮子里还有上一身校服没有洗，他立刻踢翻篮子，出来对着妈妈就喊："都几天了你也不给我洗，这两身都脏了，再上学你让我穿什么？你自己看看！"说着还把脏衣服都倒出来，不断地用脚去踢，一副很生气的样子。

妈妈觉得没什么大不了，周末洗了衣服到周一一定会干的，根本就耽误不了

## 帮助孩子消除不良情绪

不良情绪不仅会影响孩子的正常学习，还会影响到孩子的身心健康。所以，父母要积极帮助孩子消除不良情绪。

1 要关心和爱护孩子，使孩子感到无限的温暖，给予孩子精神鼓舞，使孩子保持一种乐观、愉快的情绪和健康的心理状态。

2 要给孩子制造成功的机会。成功的情绪体验，不仅可以增强孩子的自信心，还能减少孩子的不良情绪。

3 要培养孩子广阔的胸怀。由于青春期的孩子情绪不稳定，所以父母要引导孩子养成有涵养和自律的品质，让孩子学会理智地去控制和驾驭自我情绪。

小健上学的时候穿啊。可是小健根本不听，只是在那里一直发脾气，甚至连晚上吃饭的时候还摔摔打打的，拿东西放东西都用很大力气，发出很大的声音来表达自己在生气。

原本就是一件小事，而且不会耽误自己什么，可是小健总是控制不住，一遇到不顺心的事情就会立刻发火，不管是对着谁。就因为自己的坏脾气，他最好的朋友最近也不愿意和他玩了，说是受不了他总是发火。

情绪的强烈和不稳定，正是处于青春发育期的孩子身上普遍存在的现象。当然，这与他们所面临的压力和挑战有很大的关系。心理学研究表明，处于青春期的孩子至少面临着三个方面的压力和挑战：第一方面，青春期是身体急剧发育的时期，特别是性方面的发育和成熟，使得孩子积蓄了大量的能量，容易过度兴奋；第二方面，学习上的任务很重，使得本来养尊处优的孩子，不得不面对激烈的竞争，心理压力普遍比较大；第三方面，随着年龄的增长，孩子不再是整天待在家里，或者待在自己的玩具房间来探索世界，而是需要投入社会，必须要接触各种各样的人和事物。所以，这一时期的孩子面对越来越多的人际交往、各种各样的信息，这使得孩子面临的问题越来越多，越来越复杂。

每一个孩子面对的都不是一种单纯的压力，而是几种压力交织在一起，矛盾此起彼伏。虽然说孩子进入青春期，但是他们的大脑和神经机制并没有发育健全，调节能力还比较弱，因此，面对各方面的压力和刺激，孩子容易产生心理不平衡感。而孩子并不像大人一样善于控制自己或掩饰自己，他们常常将感情直接表现在脸上或者表现在行为中，如果感到不顺心，他们就会直接表达自己的愤怒。

在日常生活中，各种不良的情绪，不仅会影响孩子的正常学习，还会影响到孩子的身心健康。心理学家的研究表明，心理健康与孩子的学习成绩是成正比的。也就是说，心理健康的指数越高，孩子的学习成绩就会越好。所以，父母想要孩子有一个良好的学习成绩，就必须重视孩子的心理健康。

那么，如何消除孩子的这些消极的情绪呢？首先，家长要关心爱护孩子，使

## 如何让孩子保持良好的情绪

### 引导孩子正确认识压力

人生活在社会中，有压力是很正常的。对于来自正常渠道的压力没有必要全部排出。当压力过大、心理负担过重时，就要想办法减轻了。

### 进行丰富多彩的情境教育

人的情感是在一定的情境中产生的，父母可以通过情境教育，激发孩子的热情和决心，为孩子创造一种积极向上的良好情绪。

### 引导孩子学会控制自己的情绪

让孩子通过自我心理暗示、自我激励、心理换位等方法，将消极的情绪转换为积极的情绪。

### 创设良好的学习环境

良好的学习环境首先需要一个情感融洽、气氛适宜的家庭氛围，另外父母要多与孩子沟通，不要给孩子过高的期望。

孩子感受到无限的温暖，给予孩子精神的鼓舞，使孩子保持一种乐观、愉快的情绪和健康的心理状态。另外，要给孩子制造成功的机会。成功的情绪体验可以减少孩子的不良情绪。再者，要培养孩子广阔的胸怀。由于青春期孩子的情绪极其不稳定，甚至还带有明显的极端性，所以，父母一定要引导孩子养成有涵养和自律的品质，让他们学会理智地去控制和驾驭自我情绪。

## 对未来的茫然，让孩子焦躁不安

青春期这个阶段是儿童向成年人转变的过渡阶段。在这个阶段，有关自己和社会的各种信息围绕在他们身边，需要他们经过不断的思考，最后确定自己的生活目标。青春期的孩子认识到，他们不仅仅是老师的学生，是父母的孩子，还必须要给自己定位，就是要搞清楚“我是谁”“我以后要成为谁，我将来要做什么”。这是在青春前期已经开始，但是需要经过整个青少年时期才能完成的任务。

青春期的孩子渴望与外界接触，渴望交朋友。但他们同时也明白，青春期是每个人长大为成年人的关键一步，如果一步没有走好，这辈子都会有阴影。因此，他们要努力学习，不让父母老师失望。但是，实际上他们还会思索，学习是为了什么，学习好就一定能在将来生活幸福吗……当众多问题纷至沓来的时候，他们就变得迷茫了，开始变得不安了、焦躁了……

莉莉是一个聪明乖巧的初中生。她的妈妈出生于一个书香世家，深受传统观念影响，因此对女儿的管教很严。而莉莉一直很争气，各方面都做得很好。妈妈总是希望她能做得更好，就给她制定各种标准。莉莉觉得，只有自己达到了妈妈的标准，妈妈才会喜欢她，所以她很努力。可是，进入青春期后的莉莉有了自己的想法，她想要学习音乐，可是妈妈却认为学习音乐会耽误学习，坚决反对，还说学习音乐将来没有出息。

莉莉开始思考自己到底想要什么，一直按照妈妈规划好的路线走下去，她就真的能成功吗？那种成功是自己想要的，还是只是妈妈想要的呢？从小到大她都是按妈妈说的做，可是她并没有过得很开心啊，总是怕自己稍微做不好妈妈会失望，会不喜欢自己。那么将来自己要做什么呢？

莉莉觉得迷茫了，不知道该怎么做，只要想到这个问题就会心烦气躁，因此晚上总是失眠，要熬到深夜两三点钟才睡着，可是，一会儿又自己醒过来。上课的时候，莉莉也开始注意力不集中，老师讲的内容她根本听不进去，大脑一片空白。一回到家里，她听到妈妈的叮嘱，又会感到心情非常烦躁，紧张不安，脑子始终昏昏沉沉的。而且莉莉的成绩也开始下降，她很害怕妈妈知道，有时又觉得就该让妈妈知道，她不想按照妈妈设定好的路线走，可是自己又没有找到新的路线。莉莉感到未来一片白茫茫的，什么也看不到。

莉莉的情况不是个例，很多青春期的孩子都遇到过，父母为此也很担心。其实，青春期阶段的孩子常常因为对未来的茫然而焦躁不安，常感到不知所措。可是处于青春期的孩子们，思想较为叛逆，很多事情都不愿意和父母交流沟通，总是认为自己已经长大了，自己的事情可以自己处理好，于是把什么事情都憋在心里，长久下去就会出现一些低落情绪。

所以，父母不能因为孩子没有主动和自己说，就对孩子放任不管，而是在孩子进入青春期之后就要多和孩子交流，了解他们的困惑，及时帮助他们找到人生的方向。

孩子对父母说出自己的理想或者对未来的打算的时候，可能因为他们的想法比较单纯，说的理想对于父母而言有些幼稚，或者不是父母希望的那样，就算不符合自己的标准，家长也不要一味否定孩子对未来的规划，因为他们的想法还不成熟，随着时间的推移和成熟度的提高，孩子的理想是会不断改变的。如果父母总是否定孩子的理想，会让孩子以后拒绝再与父母进行沟通，这样既不利于亲子关系的融洽，也会让父母因为不了解孩子而无法给孩子提供帮助和引导。

## 孩子未来的路怎么走

处于青春期的孩子，对未来十分迷茫，可是又由于思想叛逆，什么事情都不愿意和父母沟通，都憋在心里，长久下去就会出现情绪低落，那么就需要父母主动地去帮助孩子。

### 先肯定孩子的想法，然后加以引导

孩子在谈自己的打算和理想的时候，父母不要因为孩子想法比较幼稚就否定孩子，而是要充分肯定孩子，再告诉孩子怎样才能实现他的这个理想。

### 让孩子体验成功，激发孩子的学习动力

当孩子取得了哪怕再小的进步时，父母也要给予鼓励。在得到好的评价之后，孩子会继续朝着目标努力。

### 指导孩子了解社会，让孩子的目标与理想具备可行性

青春期的孩子在规划未来的时候可能会显得不切实际，这是因为他们不了解社会。所以父母要帮助孩子了解时代的特点，在做计划的时候会更加切合实际。

比如，如果是男孩说自己长大了想要当一名公交车司机，父母可能会说："没出息，当什么司机？"或者是一个女孩对妈妈说她觉得护士就像天使，总是帮助别人，自己长大了也要做一名护士，妈妈可能会说："你怎么就这点出息啊，净想干伺候人的活啊？"父母总是这样否定孩子的理想，久而久之，会让孩子在否定中受到打击，他会不敢再奢望未来，以至于平庸地过完一生。其实，每个孩子对未来都怀有憧憬，职位也没有贵贱之分，如果孩子说出了他的想法，家长不要急着否定，而是正面引导，如果孩子的想法确实不具有可行性，那么家长可以和孩子一起完善这个计划，让孩子对未来充满希望，这样他们就不会一直焦躁不安了。

## 青春期的孩子容易心浮气躁

青春期是孩子半成熟的时期，处于青春期的孩子，心灵深处总有一种力量让他们茫然不安，无法安静，这种力量叫浮躁。"浮躁"指轻浮，做事无恒心，见异思迁，心绪不宁，总想不劳而获，成天无所事事，脾气大，忧虑感强烈。浮躁是一种病态心理的表现。

可以说，浮躁是孩子成长路上的大敌。比如，有的孩子看到歌星挣大钱，就想当歌星；看到企业家、经理神气，就想当企业家、经理，但是又不愿意为了实现自己的理想而努力学习。还有的孩子兴趣爱好转换太快，干什么事情都没有常性，今天学绘画，明天学电脑，三天打鱼两天晒网，忽冷忽热，最终将一事无成。

李女士的儿子已经上初中了，原本就爱好广泛的他自从上了初中以后就开始学习各种东西。前一段时间他看到一个拍卖会的视频，一幅画能卖好几百万，觉得当个画家可真赚钱啊，于是就让李女士给自己报了一个绘画班，可是学了几节课之后他就不常去了。李女士觉得都已经交了钱了，不去就浪费了，就督促儿子去上课，可是儿子却说画画太难，自己不是那块料，而且要当大画家得用几十年的时间才能成功，太慢了。

后来他又喜欢上弹吉他了，想让妈妈给他买一把吉他，觉得自己将来可以当个明星，自己长得不错，将来只要出名了就能有很多粉丝，可以过光鲜亮丽的生活。可是李女士买回的吉他，儿子稀罕了有一个星期就放在房间里不再弹了。

李女士觉得儿子做什么事情都只有三分钟的热度，而且转换特别快，可是无论做什么他都不愿意付出努力，只想着将来成功了会怎样，却不肯为了将来的成功在今天脚踏实地地付出汗水。李女士在学校开班会的时候特意向儿子的班主任请教，孩子的老师说："孩子到了青春期很容易心浮气躁，虽然这种现象很普遍，可是家长不能坐视不管，得帮助孩子克服这种心理，不能孩子想学什么就学什么，这样没有韧劲和目的地学，怎么会学得好呢？"

李女士觉得老师说得很有道理，可是具体要怎么帮助孩子克服这种浮躁的心理呢？心理医生建议家长可以从以下三个方面帮助孩子远离心浮气躁：

首先，父母要教育孩子立长志。父母在帮助孩子树立远大志向的时候，要注意两点：一是立志要扬长避短。有的孩子立志经常不考虑自身条件是否可行，而是凭心血来潮，或者看到社会上干什么会挣大钱，就想做什么工作。这种立志者多数会受到挫折。父母应该告诫孩子，根据自己的特点来确立目标，而且最好是和孩子一起来分析孩子的特点，这样才会有成功的希望，千万不要追赶时髦。

二是立志要专一。父母要告诉孩子，立志不在于多，而在于"恒"的道理，要防止孩子"常立志而事未成"的不好结果的产生。

其次，父母要重视孩子的行为习惯。一是要求孩子做事情要先思考，后行动。比如，出门旅行，要先决定目的地和路线。父母要引导孩子在做事之前，经常问自己一些问题："为什么做？做这个吗？希望有什么结果？最好怎样做？"并要具体回答，写在纸上，使目的明确，言行、手段具体化。二是要求孩子做事

## 浮躁心理产生的原因

### 父母的影响

有的父母在教育孩子的时候会患得患失，既想放手让孩子成长又担心孩子受伤害；有的父母在事业上急功近利，出现急躁的心态，这种心理也影响到孩子。

### 与遗传有关

心理学研究表明，具有强而不灵活、不平衡的神经类型的人，容易急躁，沉不住气，做事易冲动，注意力分散。

### 意志力薄弱

有的父母只给孩子灌输知识，却不知道培养孩子的意志力，因而造成有的孩子学习怕苦怕累，做事急躁冒进，缺乏恒心。

情要有始有终，不焦躁，不虚浮，踏踏实实做每一件事，一次做不成的事情就一点一点分开做，积少成多，聚沙成塔，累积到最后就可以达到目标。

另外，父母的言传身教也很重要。要用自己做榜样教育孩子，父母首先要调适自己的心理，改掉浮躁的毛病，为孩子树立勤奋努力、脚踏实地工作的良好形象，以自己的言行去影响孩子。

当然，在日常生活中，父母可以采用一些措施，有针对性地磨炼孩子的浮躁心理。比如指导孩子练习书法、学习绘画、弹琴等，有助于培养孩子的耐心和韧性。此外，还要指导孩子学会调控自己的浮躁情绪。只要孩子坚持不断地进行练习，浮躁的毛病就一定会慢慢改掉。

## 心理承受能力差的孩子脾气往往不好

在漫长的人生道路中，孩子不可能总是一帆风顺，尤其是处于青春发育时期的孩子，面对升学的各种压力或者身体变化带来的困扰，还有对于同学关系的处理等，在遭遇到不顺心的时候，孩子可能会产生郁闷、焦虑、失望或者自卑等复杂的情绪。当这些情绪不断累积，孩子的内心承受不了的时候，就会爆发，使得孩子做出一些冲动的行为。所以，这些复杂的情绪要及时地缓解或消除，避免孩子的承受能力接受不了，否则会影响孩子的身心健康和未来的发展。

徐女士平时的工作非常忙碌，所以她很少在孩子身上用心，尤其是自己的儿子从小就比较乖巧，无论是学习还是平常生活中，很少需要徐女士去督促。可是有一天，孩子的班主任打电话请她去学校一下。徐女士有些吃惊。

到学校以后，徐女士才知道自己的儿子闯祸了，把班上另外两个男生打得鼻青脸肿的。可是徐女士有些不敢相信，自己的儿子从小就很文静，很多邻居还说

## 青春期孩子的情绪特点

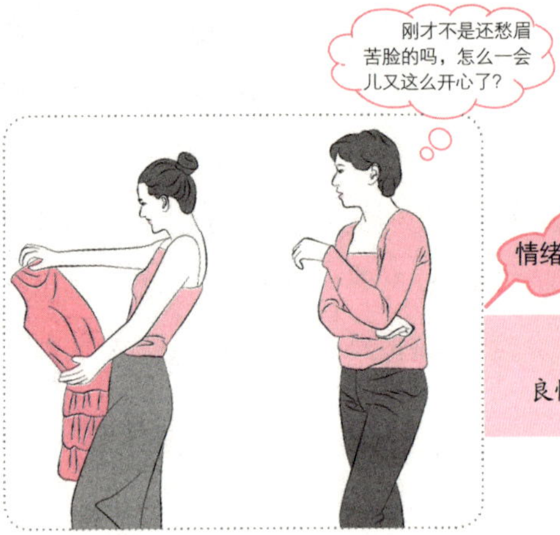


**情绪体验迅速**

这时期的孩子很不稳定，不良情绪来得快去得也快。

**情绪活动明显呈现两极**

他们的情绪活动很容易由一个面转换到另一个面，甚至由一个极端走向另一个极端。

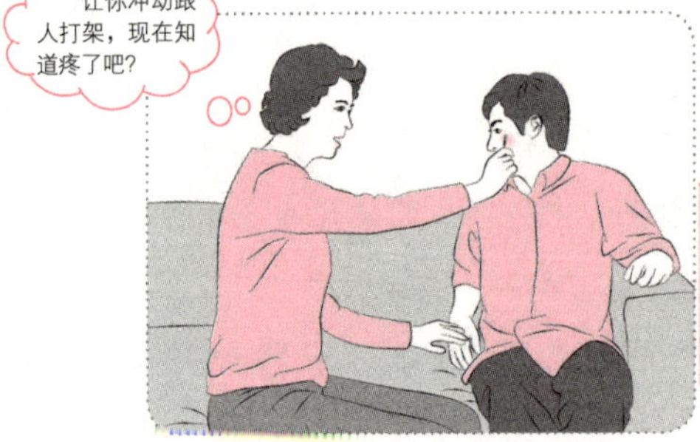


**情绪反应强烈**

在情绪冲动时，理智控制作用减弱，很容易做出不计后果的过激行为。

他像个女孩一样，乖巧的他怎么会打人呢？

从老师的叙述中，徐女士了解了孩子打人的原因。儿子的体形有点像徐女士，有些胖胖的，虽然孩子从来没有表现出因为胖而不高兴，但是进入青春期以后孩子越来越注重体形，觉得自己比别人胖一些会不帅气，班上的很多人都喊他“胖子”，这让孩子有些不高兴，认为别人是在取笑自己。听班主任讲，儿子好像喜欢上了班里的一个女生，可是他觉得自己很胖，所以在那个女生面前有些自卑。这两个男生刚好在儿子喜欢的女生面前嘲笑他胖，儿子因此很生气，脾气顿时爆发了，由于儿子本身长得强壮些，就把这两个男生打成这样。

“这个咆哮打人的孩子是我的儿子吗？”徐女士非常吃惊，一向乖巧的孩子怎么会突然这么容易被同学激怒而且还向同学大打出手？平常经常有人说他胖，喊他“小胖子”，虽然他会不高兴，但是并不会因此发怒而做出这么激烈的举动啊。徐女士有些难以接受。

其实，徐女士的儿子正是处于青春期，而青春期的孩子情绪很不稳定，虽然孩子遇到不高兴的事情暂时不会表现出来，但是他们会把内心的不快郁结在心中，当他们心里承受不了的时候，他们的脾气就会爆发出来，甚至一反常态。这与青春期孩子的情绪特点有关。

前面徐女士的儿子之所以会出手打人，归结其原因还是因为心理承受能力差，当同学嘲笑他是胖子的时候，一时冲动的他便控制不住自己的情绪。

心理承受能力对于孩子的成长十分重要。一个心理承受能力强的孩子，情绪稳定，意志顽强，积极进取，敢于冒险，乐于尝试新鲜陌生的事物，面对挫折和变化也能保持乐观，越战越勇。而一个心理承受能力差的孩子，就会表现出退缩，而且他们的耐性会差很多，有时会出现懦弱、焦虑和自卑的心理，面对困难缺乏坚持，对自己不熟悉、不擅长的事物，宁可不做，因为不做就不会输，他们会输不起。

现在的社会是一个变化很快的社会，我们的孩子终将要走入这样一个社会，他们会面临职场的激烈竞争，这要比在学校里同学之间的竞争还要激烈和残酷，而且社会中的人际关系也比学校中的同学关系要复杂很多，甚至在追求爱情的道路上有时也会遭遇很多的不如意，这些困难和挫折孩子都要面对。如果现在心理承受能力就很差，可能将来他们在面对这些更复杂更困难的情况时，就会表现得更差，甚至会因为承受不了而走向极端。而父母终究有一天会离他们而去，不可能陪着他们一辈子，所以，要在孩子还处于青春期，心理还没有发展成熟的时候，就注意帮助孩子疏导情绪，强化孩子的心理承受能力，改正他们的坏脾气。

当然，父母对于青春期的孩子因为心理承受能力差而大发脾气也不要太大惊小怪，这是很多这个时期的孩子都会遇到的问题。家长也不要过于担心，毕竟青春期是孩子们心理波动较强的时期，在这个时期，孩子的心理承受能力通常都比较差，一些小事都可能会引起他们的大脾气甚至是过激行为。父母只要在平时管教孩子的时候，多注意他们的心理健康教育，并帮助他们认识自己的情绪，管理自己的情绪，让他们保持稳定的心境就可以。

## 理解青春期孩子情绪的不稳定

任何人都是有情绪的，因为人是情绪化的动物，人的情绪是与生俱来的。但是到了青春期，情绪的变化会很快。孩子的青春期是一生中迅猛发育的时期，体形、生理、心理都在急剧变化，特别是生殖系统的突变，会给孩子带来不少暂时性的困难。同时，在这个时期的孩子开始出现独立的意识，他们就像一匹脱缰的野马，那些情绪也随之四处乱撞，可能刚刚还是活泼可爱的样子，一转眼就变成闷闷不乐、喜怒无常的了。而且，很多父母都会发现，孩子在进入青春期之后，脾气变得非常大，本来好好的孩子，动不动就因为一件小事大动肝火，让父母有些摸不着头脑。

一天，小琴下午放学回到家里，进门就问：“我饿了，做饭了吗？”妈妈手里还拿着包，显然也是刚回到家。妈妈说：“我刚回来，还没有做呢，你等一下。”小琴一听就很生气，拿下书包扔到沙发上，然后走进自己的房间，一把把门关上，声音很大，在宣泄自己的不开心。妈妈觉得小琴的脾气怎么这么坏了，小时候可不是这样的，越长也越不好管了呢。

妈妈做好饭之后去喊小琴吃饭，进入房间看到小琴正在用电脑看视频，一边看一边哈哈大笑，心情很好的样子。妈妈让她出来吃饭。在饭桌上，小琴的脸一直拉着，可是刚才在自己的房间还是很开心的样子，怎么一转眼又这么不高兴了呢？小琴的妈妈感觉实在猜不透女儿在想什么，心情似乎一天可以变好几变，一会儿晴一会儿阴的，简直是难以捉摸。

晚饭后，小琴的妈妈对丈夫说了小琴的情况，丈夫说：“这个年纪的孩子正处于青春期，情绪不稳定是正常的，我们要理解。不过，我们确实要多关心一下她了，总是有不好的情绪的话会影响她的心理健康的。你是孩子的妈妈，有些话她可能不方便对我说，以后你多和她聊一下，看看孩子的想法。”小琴的妈妈觉得很对，以后要多和女儿沟通了。

孩子长大了之后，很多的父母都知道为孩子增加丰富的食物营养，却不太注意这个时期孩子的内心世界的变化和需要。父母对于孩子多变的情绪，也许会无从理解，这会导致孩子最终与父母的距离越来越远，也会很容易产生父母子女关系的对抗。很多孩子认为父母不理解自己，而家长们却觉得孩子难以沟通，不知道他们的脑子里在想什么。

因此，当孩子进入青春期以后，尤其在其身体发育快速、情绪出现波动之后，作为父母，要多体贴和帮助孩子，对孩子的身心发展的情况多加注意，对于孩子偶尔出现的一些特别的情绪和行为要理解并认真对待。

很多孩子都把父母当作榜样，即使进入青春期以后孩子出现独立意识，可还是会不自觉地模仿父母，所以说，父母潜移默化的影响对孩子的性格形成具有很

## 帮助孩子梳理情绪的方法

作为父母，当你们对孩子的情绪予以理解以后，又该怎样帮助孩子顺利梳理好情绪呢？

### 告诉孩子“降温处理法”

当孩子产生情绪后，不妨先不理他，这既可以让自己冷静下来，也给孩子一个考虑的时间。等孩子情绪“降温”后，把这个调节情绪的方法告诉孩子，提高孩子的自我制约能力。

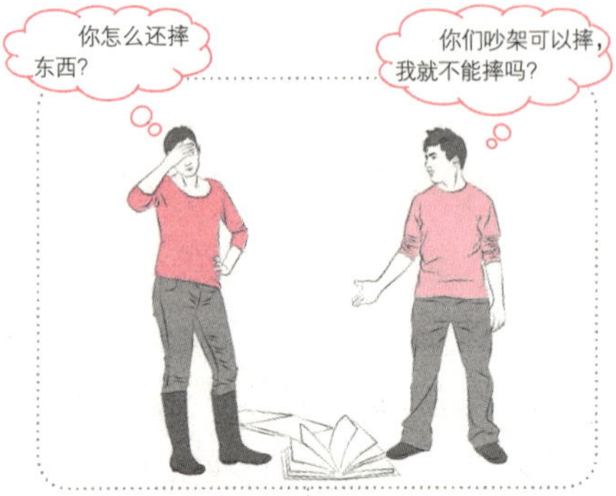


### 做好表率，在生活中多寻找情绪的出口

父母解决问题的方法和对他人的态度会潜移默化地对孩子产生影响，所以，父母要先控制好自己的情绪，用自己积极的言行去影响孩子。

### 培养孩子理智的个性品质

如果父母在生活中能够对孩子晓之以理，让孩子从各个方面了解做事情绪化的危害，孩子也就慢慢学会控制自己的情绪，逐渐变得理智、成熟起来。

以上是几个简单的能帮助青春期孩子调节情绪的方法，但前提是，作为父母，一定要理解孩子。父母和孩子做朋友，用理解、劝导的方式来指导他们，他们一定可以快些度过这一情绪多变期！

重要的作用，因此，父母要为孩子做出一个好的表率。如果在一个家庭中，父母动不动就会大发雷霆，或者说父母的脾气就很暴躁，那么，孩子也无法做到很好地控制自己的情绪。因为父母解决问题的方法、对他人的态度等都会潜移默化地影响孩子，如果孩子从父母身上接受的是消极的处世策略，时间长了，好发脾气、我行我素等不健康的个性就会在孩子身上逐渐显现。

值得注意的是，情绪不稳定是很多青春期孩子都会有的，父母一定要理解孩子，帮助孩子找到调节情绪的方法，而不是简单粗暴地指责和训斥孩子，那样容易使孩子产生叛逆心理，他们会以执拗来对抗粗暴、发泄不满，这样更加不利于孩子控制情绪和自己的行为，也会使孩子变得任性、难以管教。父母和孩子做朋友，用理解、劝导的方式来指导他们，他们一定可以顺利度过这一情绪多变期。

# 第四章 叛逆的青春才“出彩”

## 说一句顶十句，孩子的“有理”心理

很多家长都觉得孩子进入青春期以后就变得十分叛逆，根本不服管教，他们不愿意和父母沟通交流，对于父母的管教通常都是父母说一句，他们就顶十句，总是觉得自己很有理，认为自己做得很对，认为是父母不理解自己或者冤枉自己，从而对于父母的管教更加排斥和反感。而父母则认为自己是过来人，对于孩子有管教的权利，对于孩子做的事有发言权，于是，很多父母和他们的青春期的孩子都各自坚持自己的立场，互不相让，很容易产生一种对立的关系。

现在的孩子大多是独生子女，家长从小就很娇惯，加上现在的传播媒体发展迅速，孩子每天可以接受大量的信息，他们觉得自己的想法很前卫，跟父母的传统思想不相符合，认为自己才是正确的，当受到别人批评的时候，就会直接顶回去。

小强过了暑假就该读初中二年级了，可是不知道怎么回事，小强最近好像变了一个人一样，平时要么就自己躲在房间里上网、玩游戏，要么就是对家长不理不睬的。看到他的样子，爸爸和妈妈商量着和他进行一次谈话，想要了解他最近的想法，或者遇到了什么事情。于是，小强的妈妈说：“最近有什么心事吗？怎么都不肯和爸爸妈妈说话了呢？”

小强不耐烦地反问：“你们有什么事就快说，我能有什么事啊？我都这么大了，自己的事情自己会看着办的。”

爸爸有点不高兴地说：“怎么和妈妈说话呢？”小强说：“就这么说啊，还怎么说？我还有事要忙呢，你们没什么事我就回房间了。”

妈妈忍住情绪对小强说：“最近你都沉迷在网络，这样会影响你的学习的。如果你觉得上课压力大，我们可以一起出去玩玩，你觉得怎么样？”

## 青春期的孩子为什么如此叛逆

青春期的孩子之所以产生叛逆心理，主要有以下几个方面的原因：

第一

青春期的孩子因为身体发育而感到不知所措，往往会产生浮躁心理和对抗情绪。

第二

青春期的孩子渴望独立，希望周围的人把自己看成成年人，因此，在面对问题时他们常常表现出一种幼稚的独立性，并没有成熟的他们会处在反抗期内。

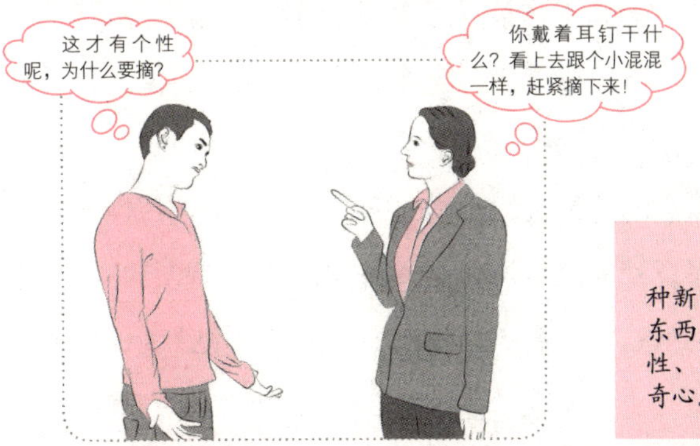


第三

自我意识的增强以及社会上各种新奇事物的冲击也让青少年对很多东西产生兴趣，他们需要通过表现个性、追逐时尚等方式来满足自己的好奇心。

另外，很多其他因素，比如社会和家庭教育的一些不足、青少年面临的各种压力等，也会成为青少年叛逆的源头。

“要去你们自己去，我不去，我有自己的事做。你们不要一直烦我，我知道自己在做什么。”小强说着就要起身离开。

妈妈觉得小强实在太过分了，就开始训斥他：“你这样也太不可理喻了吧！”他就顶撞妈妈说：“就你说得对，我就是不知好歹、不可理喻，这样你满意了吧？”说完就跑到自己的房间里，用力地关上房门。留下父母在客厅里面面相觑：这是怎么回事？孩子怎么变成这个样子了？更让小强的父母吃惊的是，小强在自己的房间门口挂了一个牌子，上面写着“请勿打扰”，气得小强的爸妈无话可说。

其实，有的时候是孩子做了错事，可是家长在教育孩子的时候也要讲究方法，处于青春期的孩子大多是有些个性和叛逆的，一味的指责并不能让他们认识到自己的错误。可能原本他们开始认识到自己行为的不对，可是面对父母的指责，他们因为反感而有了更加强烈想去继续做错事的想法，觉得父母不让做，他们偏要去，看看父母能怎么样。所以，父母要了解孩子的心理，试着感受孩子的想法。有时也许只是孩子想得过于单纯，有时是父母的想法落后，孩子可能有一定的道理。所以，家长不要一看到孩子的行为和言辞与自己心中的标准不一致就不问青红皂白地批评，要善于从孩子的角度去思考。

很多家长一看到孩子出现与以往不同的举动，就认为这是青春期的叛逆行为，担心自己的让步会让孩子的行为越来越难以控制直至越轨。然而，对孩子的每一个小细节都横加指责会让很小的争吵升级为全面战争。因为青春期的孩子最厌恶的就是父母对自己管得太多、干涉太多。

因此，在家长发现孩子有叛逆的小苗头的时候，家长首先应该按住性子，不要一味地指责，这样只会让孩子反感甚至更加叛逆。而且，孩子有些行为并不能说是错误的，可能只是与家长的认知有些出入。所以，父母不要太武断，更不要替孩子做决策，而应该先询问孩子的意见，“你是怎么认为的呢？你打算如何处理呢？你打算什么时候开始做呢？”这就向孩子传达了一种尊重他们的讯息。在了解了孩子的想法之后，如果有些部分确实不正确，家长也不要用命令的口吻要求孩子怎么样，而是用探究和商量的语气和他们讲：“我能理解你的想法，但是我们还要考虑……你觉得呢？”

孩子都是很聪明的，青春期的孩子已经可以从别人的语气中看出是否是在尊重自己或者是在给自己台阶下。如果他们觉得父母说得有道理，孩子也是会采纳的。而且，这样孩子会愿意和父母沟通，这样在越来越多的沟通中，就可以建立良好的亲子关系，孩子的叛逆行为自然会减少。

用商量的方式去解决问题，即使没有商量成功，孩子也感受到了父母的关爱和尊重，这样感情也会增加，有利于以后问题的沟通和解决。孩子已经长大了，已经有了自己的想法，可能你认为他们的想法很幼稚，可是他们却认为非常正确。这个时候，父母一定要给孩子留有独立成长的空间，让他们自己去体验，去长大。家长永远是孩子的后盾，是支持者和帮助者，而不是决策者。只有这样，

### 孩子叛逆，父母怎么应对

在孩子有叛逆的苗头的时候，家长首先要反思，也许是自己的态度不对或者教育没有到位，或者孩子对自己有什么意见，找到原因，然后有针对性地解决。以下是两种普遍适用的方法。

**把命令改为商量**

这样孩子会感受到父母把自己当成大人对待了，也觉得受到尊重了，事情会更容易解决。

**不妨让孩子吃点“苦头”**

这个阶段正是孩子形成主见的时候，小错肯定难免，所以，家长应该允许孩子犯一点错，吃一点亏，不要过分束缚孩子的手脚。

才不会让孩子离自己越来越远。

青春期正是孩子形成主见的关键时期，小错肯定在所难免，所以，家长不要急着去纠正孩子的每一个错误，应该放手让他们去犯一些无伤大雅的小错误，让他们吃点亏，不要过分束缚孩子的手脚。比如青春期的孩子都很爱美，要风度不要温度，很多男生在冬天不喜欢穿毛衣，认为那样很老土。家长商量没有成功，也不要急着对孩子生气或者强迫孩子穿，就让他挨一次冻，等他感冒了，就会明白家长的意图，至少以后他会考虑家长的意见。

其实，对于青春期的孩子，支持要比压制好，商量要比命令好。当然，如果孩子的想法是合理的，家长就要全力支持！

## 青春期的孩子就是不爱听话

当孩子进入青春期，身体发育加快，思维发展到一定程度的时候，就会开始思考自我、思考人生，也开始被身心成长过程中的很多问题所困扰。这个时候的孩子本能地想去挣脱这些困扰，这也是人的生存本能。尤其是现在的孩子从小到大都是在家人的呵护下成长的，有时他们发现现在遇到的事情很麻烦不知道怎么解决，可是又不知道该怎么和父母说。这种困惑和无助，致使他们在挣脱困惑的同时趋向企图独立，于是就什么都不告诉家长，而且会认为家长的帮助是多余的，会让他们感到厌烦。他们认为自己要有自己的人格和见解，而且觉得自己的见解是对的，于是家长说什么他们都不想听，也不会按照父母说的去做，甚至只要是家长的建议都会不加思考地一律否定，这就是青春期孩子的叛逆。

小明是一个初二的学生，他所上的学校是一所名校。小明从小就是个很听话的孩子，在学校也很自觉，根本不用爸爸妈妈多操心。当他考上这所名校的时候，爸爸妈妈都觉得很骄傲。可是，自从小明开始读初中以后，听话的孩子忽然就变了，变得不爱说话，有时妈妈问他一些学校的事情，他也很不耐烦，有时还会直接把妈妈推出自己的房间，然后关上门不让妈妈再进去。

小明的成绩也不如以前了，每次考试都会下滑。妈妈想和小明聊一聊，可是小明根本就不给妈妈机会，他每次都说："你不用管，我自己知道该怎么做。"然而，他并没有提高自己的成绩。

小明的妈妈觉得可能是孩子在学校里遇到什么事情了，就打电话问他的班主任，班主任也很无奈，说最近小明上课总是无精打采，也不听管教，作业也经常完不成，可是并没有出现什么事情啊。不过班主任答应小明的妈妈会找个机会和小明聊一聊。

当班主任问小明为什么不愿意听爸爸妈妈的话的时候，小明一副"你为什么这么问"的表情说："我都已经14岁了，再什么都听爸妈的，那还不让别人笑话死啊？"他的回答让老师很吃惊。父母知道后也觉得不可思议，就因为长大了，就什么都不听父母的了吗？

其实很多家长也和小明的妈妈一样，对孩子突然不听话感到很奇怪，于是，他们总是想方设法地问孩子原因，把自己的想法告诉孩子，还会责问孩子。但是孩子的心里在想什么，最近的心理状况是什么，很多家长却不会关注。其实，青春期的孩子不听话是一种很常见的叛逆心理的表现。很多青春期的孩子觉得自己已经长大了，而且对于一些事情开始形成自己的想法，于是他们觉得自己没有必要再听父母的话了。其实，这是一种很不成熟的表现。

但是让孩子听话并不是说让孩子完全没有自己的想法，什么都听父母的，这样对孩子也不好。孩子还是要有自己的独立的思维方式。

有这样一个故事，一位幼儿教育专家到国外看到一个幼儿用蓝色的笔画了一个苹果，老师走过来说："嗯，画得好！"孩子高兴极了。这时中国专家问老师："他把苹果画成蓝色，你怎么不纠正他呢？"那个老师说："我为什么要纠

## 孩子不听话家长怎么办

### “五分钟后再谈”

任何教育的前提都是父母能够控制自己的情绪。在气头上肯定不会有好的方法，所以，“五分钟后再谈”，让自己先冷静下来，就会发现事情没有那么糟糕。

### 做出一些让步

让步可以在很多时候表明你欣赏孩子的成熟，并且意识到他对更多自由和自主的需求。

### 契约法

采用契约法之后，家长就不用三令五申，只要照章考核孩子的行为就行了，它可以帮助孩子自我观察，建立良好行为，父母省去了说教，亲子关系也会得到改善。

总之，青春期的孩子和父母唱反调，父母就要做出教育方法上的调整，该放手的时候就要放手，教会孩子为自己负责，该信任的时候就信任，给孩子锻炼的机会，这样才能让孩子在体验中成长。

正呢？也许他以后真的能培育出蓝色的苹果呢！”

其实外国的老师和家长容忍孩子“不听话”是有道理的，这样可以保护孩子的想象力，激发孩子的创造力。

同样地，青春期的孩子也有自己独特的思维。家长如果总是用成年人的思维方式对他们粗暴地干涉，就会扼杀孩子的想象力和创造力。

总的来说，对于青春期孩子不听话这个问题，家长们要从两面来看。孩子如果什么都听父母的，没有自己的想法，盲目听话的话对孩子也并不好，这样的乖孩子很难成为社会上的精英。当然也不是说不听话的孩子就一定会成为精英。家长不能让孩子完全听话，也不能对孩子的不听话置之不理，而要让孩子在生活规矩、行为道德上听话。但是青春期的孩子多数都是叛逆的，有很多自己的想法，这些想法并不一定都是不好的，但肯定有一些是会让孩子出错的，这时家长应该正确引导，不能强制孩子，引发孩子更多的叛逆。

## 老师的管教引来孩子的反感

在青春期到来之后，孩子的生理变化带来激烈的心理震荡。当他们的目光从外部世界转向内部世界以后，他们发现自己已经不是原来的自己了，儿童时代的自己已经完全变成一个全新的自己。他们会发现不但身体不是自己的，连个性也不是自己的，而是父母和老师或者其他人造就的。于是，孩子开始生气了，决定要与这个不是自己的自己决裂，要求摆脱父母和老师的束缚，要求独立、自主，要自己决定自己的人生方向和生活方式，要从原来的一切依赖中挣脱出来，寻求真正的自我，他们的独立意识空前强烈。因此，这个时候老师管教他们，他们如果听的话，感觉就会又要变回那个没有自我的自己了，所以，这个时期的孩子非常反感老师的管教，有时即使知道老师是正确的，是为了自己好，他们也会为了反抗而反抗。

自从小田升入初中之后，爸爸妈妈就非常关心小田的成绩。妈妈也知道孩子在进入青春期之后会遇到很多问题，可能会影响到孩子的学习成绩，所以妈妈非常关注她的一举一动，总是希望在最早的时间了解孩子的状况，以便对孩子进行指导和帮助。刚开始，小田也乐于和妈妈分享自己的心事，学习成绩也算稳定。

可是到了初二之后，孩子忽然变了，开始排斥和妈妈谈心事，学习成绩也开始出现不稳定的情况。其实小田的其他科目都还好，只是她的数学成绩开始大幅度地下滑。原本在班里数学成绩数一数二的小田，在最近的一次考试中竟然都没有及格。这让妈妈非常担心。可是无论怎么问她都只说是讨厌学数学，并不说明具体是因为什么。

小田的妈妈后来从小田的好朋友夏夏那里了解到，原来是女儿非常讨厌自己的数学老师，所以就不愿意学他的课，上课也不听讲，下课也不做数学作业，成绩慢慢就下来了。可是为什么要讨厌自己的数学老师呢？夏夏说数学老师经常管教小田，以前小田的数学成绩很好，老师总是格外关注她，如果小田哪次的作业没有写好，老师就会批评她，就是试卷上的字迹不规范也会给她指出来，这让小田非常反感，感觉自己有自己的想法，而且自己并没有做错什么，老师干吗总是针对自己？从此小田开始讨厌上数学课，无论数学老师说什么，她都和老师对着干。老师很失望，就批评她态度不端正，这让小田从此直接不再学数学，也不做作业了。

可能很多青春期的孩子都被老师管教过，有时只是一些很小的事情，比如上课没有认真听讲、上课说话、打架或者考试成绩不是很理想等。老师原本是出于好心，希望帮助孩子养成好的行为习惯或者希望孩子能够提高成绩，可是，这个时期的孩子，自尊心很强，又不服管教，这就是为什么小田就因为老师的几次管教而彻底放弃数学的原因。

很多老师就像孩子的父母一样，期望孩子能够顺利成长，所以就会采用“保

## 孩子把对老师的坏情绪带回家中父母如何应对

### 稳定情绪，即使孩子已经燃起怒火

青春期的孩子就是一个易激动、脾气坏的群体，因此，即使孩子把坏情绪带到家中，也要给其发泄的机会，而不应该硬性压制。

### 为青春期的孩子创造安全的家庭氛围

可能孩子会觉得，被老师惩罚是件很丢人、伤心的事情，这时，父母要让孩子知道，家是一个保护他的地方、一个温暖的港湾。

### 和老师沟通，弄清楚事情的原委

如果孩子只是犯了一些小错误并无大碍，但是如果是做了出格的事情，就需要引起注意，父母要密切观察孩子的举动，以防孩子走上歧途。

青春期的孩子比较敏感，很容易就会生气发脾气，父母一定要帮助孩子消除不良情绪，让孩子有一个快乐的青春期。

姆式”的管教方式，对孩子的各个方面面面俱到，这让处于青春期、渴望独立的孩子非常反感，反而不利于孩子的教育。

另外，青春期的孩子一般处于初中和高中时期，这两个时期的学业负担都比小学要沉重许多，课程增加、科目众多、难度增大、课时加长、作业增多等，如果孩子跟不上这种强度的变化，也会让孩子对学习产生恐惧，导致对老师的管教产生反感的心理，从而不服老师的管教。而学习是青春期孩子最重要的事情，如果孩子不服老师的管教，就会出现很多负面的情绪，很可能会导致孩子产生厌学等心理，因此，父母一定要做好孩子的心理疏通工作。

青春期的孩子非常敏感，生活中的点点滴滴都有可能会触碰到他们那根敏感的神经，作为父母，一定要对孩子多加关心，及时帮助孩子消除那些不好的情绪，让他们可以过一个快乐的青春期。

## 上课捣乱，让老师生气才有成就感

“我这个月已经接到老师的好几次电话了，都是我儿子在上课的时候不听讲，有时还要跟同桌说悄悄话，弄得他的同桌也没法学，有一次还跟别的同学传纸条。新来的语文老师是个女老师，说他好几次他都不听，老师都差点被他气哭。”一个初中生的父亲生气地在指责自己的孩子。

有的青春期的孩子上课的时候不听讲，还要专门和老师对着干，老师让做练习，他就非得读书；老师在讲课，他又要弄出奇怪的声音引得同学都大笑。很多老师都抱怨班里总有那么几个学生让自己根本无法正常讲课，批评他们吧，他们嬉皮笑脸不当一回事；不理他们吧，他们就变本加厉让全班同学都没法专心听讲。有的老师直接请家长，可是，就算家长出面，情况也不会有任何好转，让老师头疼不已。

王伟今年刚刚上初二，是个让每个老师都头疼的“捣蛋鬼”，除了体育课的时候他不捣乱之外，别的课他总是很“活跃”。

一天，在上英语课的时候，王伟不想听课，就趴在桌子上睡觉了。老师发现后就走到他的桌子旁边敲了敲桌子把他喊起来。一般的孩子起来就起来，坐好听课就是了，王伟睁开眼看看，同学都在听课，他故意伸个懒腰，嘴里的声音也很

**青春期孩子在课堂上不听讲的三种表现**

第一种

自己不听讲，在课堂上大声喧哗，甚至随便下座位、打闹，破坏上课秩序，老师经常不得不中止教学维持课堂纪律。

第二种

自己不听讲，但不会影响别人。他们表面上在听讲，实际上却在做小动作，比如听音乐、看课外书等。

第三种

和周围的同学小声说话。这就造成了课堂中的一种噪声，会影响周围人的学习效果。

大，同学们都转过头来看他，有几个平时就很调皮的男同学起哄笑了起来。老师出声制止了他们，接着上课。

王伟虽然不睡觉了，可还是觉得无聊。后来，老师让一个同学起来念课本上的对话，这个同学的发音不是很准确，音调有点本地土话的味道。原本大家也没有觉得什么，王伟听到后立刻开始学这个同学的发音，故意加重读音，这个同学被王伟这样一学，气得涨红了脸，别的同学都哈哈大笑起来，王伟看到自己制造的“笑果”，感觉很满意。老师非常生气，让王伟站起来听课。王伟一脸不在乎地站起来，嘴里还在说：“老师，他读错了，我纠正一下还不行啊？”

老师实在拿他没办法，课下打电话让他家长来学校，王伟一点也不紧张。他对自己的哥们说：“反正我也听不懂他讲什么，看他生气我倒是很开心呢，多有

## 家长可以这样调节孩子的心理

青春期是孩子学习的关键时期，所以面对孩子不好好听课、上课调皮捣乱等现象，家长要协助老师做好孩子的心理调节工作。

父母不要给孩子过大的学习压力

父母不要过分看重成绩，这对孩子来说是一种无形的压力，会导致孩子的对抗情绪，没有学习的动力，上课自然不会认真听讲。

与老师进行沟通，建议老师对孩子进行一些教育方法上的调整

有的老师对于经常犯错的学生会有排斥心理，有时还会用多种手段处罚他们，这只会加剧孩子的逆反心理，所以，家长可以让老师多理解学生，换种学生容易接受的教育方法。

成就感啊。”

很多青春期孩子的老师都遇到过这样的状况，一个或者几个学生就让课堂教学无法正常进行下去，并且批评他们也不管用，对此，很多老师感到束手无策。学习对于任何一个青春期的孩子来说，都是最重要的事情。而课堂学习是一个师生互动的过程，学生学习成绩的好坏很大程度上取决于课堂听讲的效果。很多孩子，一到初中，就由以前的一个上课认真听讲的好学生变成一个捣蛋鬼，这不仅让他无法获得知识，还会影响整个班级的学生无法正常学习，老师的教学工作也受到干扰。很多家长被请去学校，希望能找到一条有效解决问题的途径。

其实，孩子这种故意扰乱课堂秩序、让老师生气的情况，多半和青春期孩子的叛逆心理有关。青春期的孩子在生理和心理上都处于不稳定时期，这一时期的孩子在心理上渴望自由但是又要面对紧张单调的学习，这种矛盾的情况容易使孩子产生学习心理疲劳，对学习的兴趣降低甚至产生厌倦。而学习的大部分时间都和课堂有关，于是，他们很明显就会将逆反的矛头转向老师。于是，他们就会出现这种上课注意力不集中、故意和老师作对等情况。

## 青春期的“坏孩子”思想

每一个孩子都想成为同龄人中的佼佼者，想成为父母、老师的骄傲，青春期的孩子也是一样。可是并不是每一个孩子都能做到这样。于是，有一些做不到的孩子就会感到自己被忽视了，感觉别人都不在乎自己，于是就干脆让自己沉沦堕落；也有一些孩子，成绩优秀，但每一次优秀成绩的取得，都是经历了心灵的煎熬，正因为他们备受瞩目，所以他们感觉很累，压力很大，于是有时也会有想要放纵自己的想法。他们会羡慕那些不用在乎考试成绩，不用面对老师和家长的严肃面孔的孩子，于是，他们就会尝试着抛开一切，放松自己，进而放纵自己。

小陈是个初中的学生，他的爸爸经营一家公司，妈妈也在一个企业当高管，他的家庭条件算是班上非常好的了。可是就是这样一个家境优越的孩子却非常“热衷”于盗窃。

小陈有一个好朋友，也是他的同班同学，叫小恩。有一天放学后，小陈和小恩一块到了小恩的家里玩。在小恩的房间里放着一个飞机的模型，小陈一看就非常着迷，这个模型做得很逼真，而且还是最新型的飞机。小陈经常让爸爸给他买飞机模型，可是还真没有买过这么逼真的呢。小陈当下就想好好研究一下，于是向小恩借，想带回家玩玩，可是小恩也是刚刚买回这个模型，就没有答应小陈。这让小陈心里十分不痛快，感觉小恩太小气了，一点也没有哥们义气。于是小陈想到一个办法：将飞机模型偷偷带走，然后让小恩找不到，看看他会急成什么样子！果然，小恩找不到模型后急得就像热锅上的蚂蚁，小陈一看就乐了。

从此以后，小陈产生了一种非常奇怪的心理，他觉得偷别人的东西虽然是坏孩子的行为，但是看到别人着急的模样，自己就会得到一种快感，一种做坏事的快感。于是，小陈经常没事就偷别人的东西，都是一些不贵重的东西，比如班里同学的文具，他几乎都偷过了，就是想看看他们在用文具时找不到的着急的样子。

刚开始小陈只是想娱乐一下，可是，小陈逐渐有点控制不住自己的手了，看到东西就想偷。有一次，在一家超市里面，看到满货架的东西，小陈的手又痒痒了，忍不住偷了几样，本打算藏到不容易被发现的地方带出去，没想到还没藏好，就被老板发现了。老板报了警，小陈被警察带到了派出所。幸好小陈偷的都不是什么贵重的东西，再加上他还是未成年人，警察让家长把他领回家去管教。

小陈的父亲怎么也想不明白，自己家庭条件这么好，如果小陈需要什么父母一定会买给他的，再说他的零花钱也不少，为什么要去偷别人的东西呢！

像小陈这样的青少年并不是很多，却很有代表性。很多青春期的孩子偷盗并没有什么明显的目的，有时只是纯粹为了给别人造成困难而获得快感。有的孩子偷来的东西也不是自己需要的，有的直接扔掉、损毁或者直接送给别人，家长对孩子的这种行为感到十分不解和头疼。

除了盗窃之外，还有很多青春期的孩子会做其他的坏事。现在的青少年在酒吧、网吧等成年人场所随处可见。这些放纵的孩子，多半有一些共同的经历：学习压力大，和父母、老师的关系都不好，没有真心的朋友，等等，这些原因都有可能会让青春期的孩子想要学坏。

## 孩子想做“坏孩子”怎么办

**孩子做了坏事，绝不能打骂**

有的父母认为只有“打”才能让孩子记住教训，其实不然，打骂只会破坏父母与孩子之间的感情。得不到家庭的温暖，孩子可能会真的走入歧途。

**细心观察，防患于未然**

父母一定要随时观察孩子的思想动向，比如孩子脸上出现瘀青或者花钱忽然大手大脚等，不过要想方设法让孩子自己承认错误，不要伤害孩子的自尊心。

**培养孩子的是非观念，让孩子知道什么是对错**

要做到这一点，必须从孩子现有的实际认知水平出发，逐步提高，通过反复教育，培养孩子的是非观，增强孩子改邪归正的决心。

有些青春期的孩子觉得那些故意和老师作对、欺负低年级学生的同学很威风，时常羡慕他们，觉得他们更能得到别人的重视和尊重。因此，这种行为就会被争相效仿。如果孩子的父母不及时加以引导和控制，势必会对孩子的成长造成极其恶劣的影响。

进入青春期的孩子，精力充沛，思维敏捷，记忆力强，情感丰富。但是青春期是身心发育趋于定型的时期，是走向成年的过渡时期，也是性意识萌发和发展的时期，他们的心理发展和生理发育往往不同步，具有半成熟、半幼稚、叛逆等特点。因此，他们心理素质发展的关键阶段，应当引起父母的重视，对有不良行为的孩子既不能生硬批评，引发他们的叛逆情绪，也不能任其发展，让他们误入歧途。

对于孩子想要做“坏孩子”的冲动，或者已经做了某些“坏事”，父母切不可急躁，既要批评，又要耐心说服，使孩子受到震动，感到内疚，才会自觉改正！

## 青春期的孩子爱讲“哥们义气”

孩子在进入青春期以后，随着年龄的增长、视野的开阔，对外界事物所持的态度以及情感体验也丰富起来。他们渴望交友，都有了自己的朋友圈子，尤其是男孩通常都有自己的几个哥们儿，于是，他们之间互相称兄道弟，并且盟誓要有福同享有难同当等，这就是他们之间的所谓的哥们义气。

可是“哥们义气”是比较狭隘的一种封建道德观念，它信奉的是“为朋友两肋插刀”、“士为知己者死”、“有福同享有难同当”等，即使是错了，甚至是杀人越货，触犯法律，也不能背叛这个“义”字。这种观念将个人或者某个小团体的利益视为最高，这与同学之间的真正的友谊是截然不同的。

现在的父母认为家里的孩子大都是独生子女，成长的过程中如果有几个很要好的哥们会让孩子不过于孤单，在学校里也会有个照应。于是，他们就很放心地把孩子交给了学校，由老师全权管理。当孩子由于打架斗殴而被学校处分的时候，才会意识到自己的失职。家长一定要了解，孩子盲目地讲哥们义气，是很容易误入歧途的。

有一天下午，正在上班的小刚爸爸接到小刚班主任的电话，说他的儿子正在医院，情况紧急，希望家长赶紧赶到医院。小刚爸爸一听就吓坏了，赶紧又通知妻子，自己则以最快的速度赶到医院。小刚躺在病床上，昏迷不醒，需要做手术，家长必须签字才行。他赶紧签字，小刚被推进了手术室。

班主任老师和小刚爸爸讲了一下事情的起因和经过。班里的两个男生因为互相看不惯就相约打架，他们各自喊了几个自己的哥们就在宿舍中开始互相打群架。这几个孩子都处于青春期，血气方刚，很讲义气，觉得不能让自己的哥们受气，就都摩拳擦掌准备大干一场。可是他们不只是动手，还动起了家伙。在宿舍里，对方一个人拿了暖瓶开始打人，别人见有人拿东西砸人，都纷纷抄起身边有用的东西开始打。其中一个男生拿着一根铁棍打在了小刚的左侧头上，他的头上立刻就肿起来一个拳头大小的包。

过了一会儿，小刚头伤发作，全身抽搐，口吐白沫，昏倒在宿舍中，他们几个孩子才开始害怕，赶紧打了120，把小刚送到了医院。医生诊断为重型闭合型颅脑损伤，需要立即进行开颅手术。

小刚因为想为同学出气，出于一种义气，结果差点搭上自己的性命，当他醒过来的时候后悔不已。打人的人也被带进派出所接受批评教育，还要负担小刚的医药费等。

青春期的孩子涉世不深，善良单纯，往往注重友情，在与人交往的过程中都是付出所有的真心。这本是好的事情，但是，这些孩子由于缺乏明确的道德观念，分不清什么是真正的友谊，甚至把“江湖义气”当成结交朋友的条件，认为不讲义气的孩子就不受欢迎，会受到别人的耻笑。

作为父母，一定要在孩子结交朋友的时候告诉他们，友谊应该是人与人之间的一种真挚的情感，是一种高尚的情操，当你遇到困难的时候，朋友会无私帮助，当自己苦闷的时候，也可以和朋友倾诉。但是，一定要帮孩子分清友谊和他们所谓的“哥们义气”的区别，友谊是有原则的、有界限的，最起码的底线是不能违反法律和社会公德。

而“哥们义气”源于江湖义气，是没有道德和法律的界限的，只要为“哥

## 青春期男孩爱打架的原因分析

青春期的孩子，尤其是男孩，常常把盲目胆大视为英雄行为，把打架看作勇敢，认为使用暴力为兄弟两肋插刀是在讲义气。那么，青春期男孩喜欢打架究竟有哪些原因呢？

从性格来看，青春期男孩有些性格外向、善于交际、喜欢热闹、不拘小节、好胜心强，容易与他人发生冲突，在意志方面，他们明显缺乏自我控制能力。

从动机方面看，这类孩子的攻击动机带有鲜明的情绪色彩，时常处于愤怒、敌对、嫉妒等消极情绪而发生攻击行为。

另外，影视作品中的暴力内容往往对男孩产生攻击性行为有较大的影响。有的孩子多次观看暴力节目，逐渐就会形成实施暴力的倾向。

们”两肋插刀，就是他们所信奉的。友谊需要义气，但这种义气应该是讲原则的，如果不辨是非就为朋友两肋插刀，甚至不顾后果、不负责任地迎合朋友的不正当需要，这不是真正的友谊，也不是友谊所需要的那种义气。

在孩子的朋友遇到困难或者受委屈的时候，孩子可能出于义气，不经过思考就做出一些冲动的行为。可能孩子的想法没有错，但就因为冲动而会做出一些出格的行为。作为父母，在孩子冲动的时候，要耐心讲给孩子，他这样做并不会真正地帮到朋友，或许还会害了朋友。朋友有难去帮忙是正确的，但要选正确的帮助方法。

## 叛逆的孩子难管教

面对青春期的孩子，很多父母觉得如临大敌，不知道如何教育好他们，也不知道该如何和他们沟通，更不知道他们心里在想什么，又需要什么。而且这个时期的孩子总是会出现各种各样的问题，让很多父母手足无措。如果管严了，孩子就叛逆；放任不管，孩子又会学坏。想与他们沟通，可孩子要么躲着父母，要么说不了几句话就顶嘴，最后大家不欢而散，什么结果都没有。

其实，这些问题都是正常的，父母的反应也是正常的。因为这个时期的孩子处于成熟与幼稚之间、独立与依赖之间，想要追求完美又总是会有遗憾。这样的一种矛盾心理，使得青春期孩子的行为看起来荒唐、无聊，但对于孩子本身而言，却十分有意义。父母不了解这种行为对孩子的意义，只是觉得很荒唐就会对孩子严加约束、斥责和教训，这就使得孩子与父母之间的矛盾升级，冲突不断。

小亮是家里的独子，从小到大父母都很宠他，小亮也很听话，成绩也不错，亲戚朋友也都夸奖小亮懂事有礼貌。由于家庭条件不错，所以父母什么都不缺小亮的，只要他要，父母就给他买，小亮自己很懂事，从来不乱要东西。

可是这样的日子持续到小亮进入初二下半学期就结束了，爸爸妈妈觉得小亮好像一下子就变得不懂事起来，现在跟他说什么他也不听，让他往东他偏要去西边，而且很喜欢买一些新潮的东西。有一次，爸爸刚给小亮买了手机，没过几天小亮就说要换个手机，说是自己的手机没有办法玩网络游戏。爸爸很生气地说："你现在还是学生，首要任务就是学习，玩什么网络游戏啊？再说家里不是有电脑吗？想玩的话可以用电脑玩啊。"小亮气得把书包往地上一摔说："我必须要买，别人都用手机玩，你要不买我就把电脑砸了。"

爸爸没想到小亮的脾气变得这么坏。妈妈也觉得小亮实在是太不听话了，稍有不如意就会对着父母大吵大叫，就像专门和父母对着干一样。从这次吵架以后，小亮变本加厉地开始"变坏"，放学也不先回家，总是和几个朋友出去玩，玩够了回家也不做作业，周末的时候也没有见他看过书，期中考试成绩一下就掉下来十几名。

其实生活中，很多父母在孩子进入青春期以后都会遇到小亮父母这样的问题，孩子似乎长了很多的"本事"，越来越不听话，总是和父母意见相反，这都是孩子叛逆期的表现。孩子叛逆期的到来，是他们生理、心理快速发育的结果。心理的发育让孩子认为自己已经长大了，做事情的时候就想要独立，想要自己决定。所以，这个时候父母如果对他们的事情指手画脚的话，就会让孩子产生叛逆心理。心理学家认为，孩子的这种行为其实是对父母权威的挑战和反抗，以及对自我独立人格的追求。那么，如何帮助孩子度过这个时期呢？家长们可以参考以下建议：

首先，要冷静处理孩子的叛逆。青春期的孩子一般不懂得控制自己的情绪，当他们对父母的管教感到不满意或者不服气的时候，就可能会立刻爆发出来。但是作为成年人的父母不能以暴制暴，要尊重孩子，冷静自己的情绪，想一下孩子为什么会这样，分析孩子出现叛逆的原因。找到原因就解决了一半的问题。

其次，要给孩子选择的权利。根据青春期孩子的心理特点，父母在教育孩子的时候应该把握好问题的重点，给孩子一个大概的框架和原则就可以了，让孩子在这个框架和原则下自由安排自己的活动，自己决定自己的事情，给他们选择的自由权，没有必要对孩子的每一件事情都要约束。

最后，要多与孩子进行沟通。沟通是解决问题最好的方法。很多父母总是觉得孩子还小，什么事情都不懂，就自己决定了孩子的一些事情，而不和孩子一起商量，也不管孩子内心的想法如何，总是强势地对待孩子，这样只会增加孩子的反感。父母应该和孩子坐下来平等地谈一谈，不要以家长的身份，而是以朋友的态度与他们交流，了解他们的想法。孩子在得到尊重的时候，自然就不会再专门与父母对着干。

## 青春期的孩子为什么难管教

### 青春期孩子的叛逆心理

青春期的孩子开始要求独立，要挣脱父母的管束，有的孩子认为听父母的话就没有自我了，开始和父母对着干。

### 父母不恰当的管教

这里的“不恰当”是指父母对孩子的误解，造成孩子自尊心受到伤害，不再服从父母的管教。

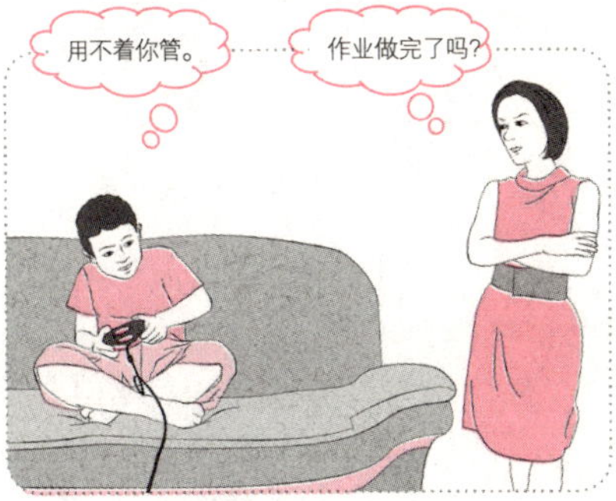


### 繁重的课业负担

青春期的孩子一般都已进入中学，学习强度增大，如果孩子跟不上这种强度的变化，而家长又给孩子太多压力的话，就会让孩子对父母的管教产生逆反心理。

# 第五章 “心理断乳期”的孩子难管教

## 渴望独立，不愿与父母共同外出

为人父母的应该知道，任何孩子，在婴儿时期断乳都是十分痛苦的。面对饥饿，他们会疯狂地哭叫，张开嗷嗷待哺的小嘴希望能够找到妈妈，吃到母乳，可是这个时候的妈妈必须狠心，一勺一勺给孩子喂进孩子陌生的食物，刚开始孩子会一直吐出，或者拒绝吃进嘴里。可是到最后，孩子就会习惯，开始吃饭，逐渐适应没有母乳的生活。这是人类适应环境的一次重大转折——生理的断乳。

接着，在孩子开始进入青春期以后，直到成年，他们开始想要逐渐脱离对父母的依赖，想要自己独立。这个过程，就是孩子逐渐摆脱父母、走向成人的过程。这个过程，被心理学家称为孩子的“心理断乳期”。此时的孩子渴望获得独立，渴望父母能够重新审视自己，把自己当作成年人来看待。

小双自从升入初中之后，一直都是爸爸下班之后去接她放学，因为学校离家很近，爸爸都是骑着自行车去接她的。刚刚升入初中时，小双每天都坐在自行车的后座上给爸爸讲学校里发生的各种各样有趣的事情，父女两个都是高高兴兴地回到家里。

但是最近每次爸爸去接小双的时候，小双都是一脸的不开心，也不和爸爸讲学校里同学之间的事情了，爸爸问她，她只说当天没有发生有趣的事情。爸爸已经感觉到孩子应该是有什么事情。但是因为小双绝口不提，爸爸也就没有再问。

就这样过了几天之后，爸爸在又去校门口等着小双的时候，看到小双出来眼神不对劲。她快步走到爸爸身边对爸爸说："你以后不要来接我了，别的同学都是坐公交车回家的，以后我也坐公交车回家。"说着就快步跟上几个女生的脚步去公交站了。

小双的爸爸愣在原地，这孩子是怎么了？是觉得爸爸丢人了吗？可是他一直都是这样来接孩子的啊，孩子怎么会现在才觉得丢人呢？回到家里，小双的爸爸和妻子说了这件事，妻子也说："她最近也不愿意和我一起出门了，以前一到周末就央求我带她出去玩，或者去买衣服。现在都是跟我要了钱自己去买衣服，或者跟同学出去玩，说是现在这么大的孩子哪还有和自己的爸爸妈妈一起出门的啊，跟在爸妈身后像个小屁孩一样，会被人笑话的。"

小双的爸爸这才明白，孩子是觉得自己长大了，不想再跟小孩子一样跟在爸妈的身后当跟屁虫了，想让别人觉得自己是大人，可以自己做一些事情了。看来，孩子真的是长大了，但是，孩子毕竟才14岁，小双的爸爸还是有些担心。

其实，不愿意和父母一起出门，想让人把自己当作大人一样对待，这是青春期孩子很普遍的心理。他们渴望塑造自我，渴望独立，渴望周围的人和父母把自己当成大人。不仅仅是对父母，他们对待老师的态度也开始改变，不会再什么事情都找老师，而是学会了在老师的视线范围之外用体力或者脑力和同龄的人展开竞争。他们甚至学会了用拳头解决同龄人之间的问题……这些都让他们有一种独立、自主的感觉。

但同时，这个时期孩子自身还有很大的依从性，无论是精神上还是经济上，他们都还无法摆脱对父母的依赖。尤其是这个时期的孩子会因为身体的急速发育而遇到很多的生理或者心理的问题，这个时候孩子又会需要父母的帮助和指导。所以，孩子在这个时期的行为会十分矛盾，一方面想要摆脱父母，另一方面又不得不依赖父母。

而父母觉得孩子毕竟还没有长大，很多事情还不能很准确地辨别对错，他们想要原先的那份亲密无间的亲子关系，想要知道孩子的心里在想什么，就害怕孩子一个人外出会有什么危险。做父母的，更是忍受不了在孩子和自己之间有一个无法察觉、无法把握的地带。

但是，青春期的孩子有了自己的想法，想要在心理上把自己从对父母的依赖中切割开来，他们会在不同程度上产生一种“外人感”。于是，他们急于摆脱父母，渴望拥有更多的独立空间。对此，父母要承认孩子的成长，在孩子成长的路上，要做他们的支持者，而不是决策者。

## 打造与青春期孩子亲密的亲子关系

很多父母发觉孩子进入青春期以后就不再和以前一样缠着父母了，彼此之间也不再亲密了，如果父母想要像以前一样和孩子亲密无间，不妨试试以下方法：

### 不要剥夺孩子独处的机会

青春期的孩子已经完全可以照顾自己、自己处理一些问题了，如果孩子想要自己外出或者办一些事情，父母千万不要强制，否则会引起孩子的反感。

### 相处时，把主动权教给孩子

很多孩子不想让别人把自己看成孩子，所以不喜欢与父母一起外出，这时，父母可以在相处时，让孩子决定去哪里、做什么等，让孩子感到自己受到重视，这样孩子就愿意和父母一起享受天伦之乐了。

## 不予回应，充耳不闻你的唠叨

很多父母都说，与青春期的孩子沟通交流是十分困难的事情。很多时候，父母就算说得天花乱坠，孩子还是我行我素；面对父母明显的关心，孩子却并不领情，认为父母是在约束自己；父母想与孩子说点心里话，孩子总是表现得心不在焉；有的孩子甚至专门挑父母话中的纰漏，故意与父母对着干；还有的孩子因为愤怒，竟然不惜用武力对待自己的父母……

其实，父母作为过来人应该知道，青春期对于孩子来说，就像是暴风雨的夜晚，他们既多愁善感又喜怒无常，感情细腻多变，因此，需要父母的格外呵护。一个不小心，孩子就可能学习成绩下滑、早恋或者结交一些不良的朋友。因此，父母对孩子的一举一动都非常敏感，总是担心他们这个做不好，那个弄不好的。其实，父母应该相信自己的孩子，给孩子独立的空间。有时孩子的一些行为，父母可能不认同，但只要不是原则上的错误，完全可以让孩子自己去碰碰钉子。

青春期的孩子独立性增强，总是希望得到他人的承认和尊重，希望摆脱父母的约束，渴望独立。他们不愿意再像小孩子一样服从家长和老师，他们希望获得像大人一样的权利。因此，青春期的孩子，最讨厌的就是父母的唠叨，他们会觉得这样的父母很啰唆。

汤伟是个高中一年级的学生，也是一个三口之家的独生子。从小，父母除了上班以外，几乎所有的时间都用在了汤伟的身上，而汤伟也觉得父母对自己很好，有什么事情总是第一时间和父母说。但是，从他进入初中以后，他就慢慢地不愿意和父母说心事了，父母也知道孩子进入了青春期，开始有自己的小秘密了，也就没有放在心上。只是妈妈会经常提醒孩子一些事情。

但是升入高中的汤伟越发不愿意和父母沟通，对于妈妈的嘱咐他也是一脸的

## 青春期孩子不喜欢父母唠叨的原因

孩子进入青春期以后，独立性增强，心智不断成熟，对成人的权威依赖不断降低，想用独立言行来表明自己的“成人形象”。

青春期的孩子往往从心理上采取一种执拗的态度来回应父母的干预，以显示自己的独立，因而对唠叨很反感，有的甚至还会采取极端的方式表达不满。

沉重的学习和竞争压力，使孩子想要一种轻松的家庭氛围，而父母的唠叨会使他们感到烦恼，让他们有种失落感和反感。

可见，父母的唠叨和责备不会对孩子有任何帮助，还会引起孩子的逆反心理，不利于父母和孩子之间的交流和沟通，所以，父母要停止唠叨，找到和孩子更好的交流方式。

不耐烦。有时早晨上学的时候，妈妈觉得天气很冷，而汤伟又不愿意多穿衣服，妈妈就会说他几句，让他多穿件衣服，汤伟就会生气地大声对妈妈说：“我又不是小孩子，还不知道冷热吗？冷了我自己会穿。”或者妈妈看他在看球赛没有写作业就提醒他：“老师没有布置作业吗？怎么还不写？”汤伟不理妈妈，妈妈就会一直说，有时还会直接关上电视，让正看得起劲的汤伟十分生气，躲进自己的房间。他感觉自己受够了妈妈的唠叨，感觉妈妈很烦人。

可是妈妈也觉得很纳闷，自己只是出于关心，为什么孩子总是朝着自己大吼，好像自己有多招他烦一样。母子两个越来越看不惯对方，妈妈嫌儿子不懂事，儿子怪妈妈多管闲事。在家里，汤伟几乎都不和妈妈讲话了。妈妈觉得儿子越长大离自己越远了。

父母本应该是孩子最愿意倾诉衷肠的对象，可是到了青春期以后，父母的问候变成了孩子耳中的唠叨，甚至让孩子感到厌烦。虽然这个时期的孩子渴望倾诉，渴望理解，但是他们更像一只只锋芒毕露的刺猬，这就为父母与孩子沟通造成了很大的障碍。

其实，这个时期的孩子大多数都是这样的，等他们过了青春期自然就会懂事。但是，对于正处于这个时期的孩子，父母在与他们交流的时候要会察言观色，在讲到一个话题的时候，如果觉得孩子很感兴趣，可以将话题引向深入，但是一旦发现孩子出现了厌烦的情绪，就要立即停止，或者转移话题。另外，父母在与孩子沟通的时候不要过于啰唆，孩子已经长大了，有些道理即使父母不说他们也懂，所以对于这样的话题父母不要一直重复，造成孩子的反感。

另外，这个时期正是孩子学习的关键时期，很多父母在与孩子讲话的时候，总是围绕着学习的话题，久而久之就会让孩子觉得厌烦。所以作为父母，不要只关心孩子的学习，而要全方位地关心孩子，对孩子的兴趣爱好也要尽量表现出兴趣，让孩子感觉自己和父母是同道中人，这样孩子自然会愿意和父母沟通。

## 交流少了，孩子开始疏远父母

家庭是社会的细胞，也是一个团队。在每一个家庭中，孩子是核心，父母都希望与孩子关系密切、无话不谈。在孩子小的时候，父母与孩子的关系确实很融洽，孩子喜欢依偎在父母身旁，听他们讲个故事，或者将自己在学校里看到的有趣的事情和父母分享，或者自己有什么问题第一时间告诉父母。

但是随着孩子年龄的增长，尤其是在孩子进入青春期以后，他们开始厌烦父母的唠叨，开始疏远父母，不愿意和父母交流，也不愿意把自己的想法和父母说。有的父母对孩子的这种行为很是不解，甚至因此对孩子发脾气，于是，原本就紧张的关系变得更加紧张，甚至有些父母和孩子变得无话可说。

张女士邻居家里有个男孩叫小迪，今年已经读初二了。以前小迪可懂事了，也很有礼貌，只要是在路上见到她，很远就喊阿姨，跟张女士打招呼，人也很开朗，见到他的人都喜欢他。可是最近张女士发现小迪变化很大，见到自己跟不认识一样，有时为了避免打招呼干脆低着头走过去装作没有看到。大家也很少见他出来玩了，好久都没有见小迪笑过了。

张女士是看着小迪长大的，看到他这个样子就很担心，以为是他遇到什么事情让他转了性，就偷偷地问小迪的妈妈。小迪的妈妈也很无奈，告诉张女士："这孩子不只是对别人这样，对我和他爸爸也是这样，自从他升到初二以后，就跟变了一个人一样，回到家里就往自己的房间里钻，除了吃饭的时候说句话，平时几乎不和我们讲话，不愿意和我们交流。"

小迪的妈妈说小迪上初一的时候还好好的，有说有笑的，也经常和爸妈说自己的心事，可是到了初二之后，就变成现在的样子，整天在家见面，却说不上几句话，感觉儿子和自己生分了。

对此，小迪的爸爸妈妈都很无奈，想到孩子马上就要升入初三了，以后的学习压力会更大，孩子如果一直这样不愿意交流心事，真怕将来他会有什么心理问题。可是，他们想与孩子交流，苦于找不到方法。现在，小迪的爸爸妈妈整天都在想这件事情，想着怎样与孩子再像以前一样无话不说。

## 这样沟通比唠叨更有用

学会倾听，加强与子女的心理沟通

尽量不做无谓的埋怨和比较

在学习上对孩子多鼓励少责备

改命令式的说教为民主型商议

在青春期教育中，父母要学会尊重孩子，相信孩子在一定程度上可以独立，与孩子尽量做朋友，在与孩子沟通或相处时，尽量营造一种愉快的氛围，这样更有利于亲子之间的交流、沟通。

小迪初一的时候还是个爱说爱笑的阳光男孩，到了初二之后就变得不愿意和父母交流，对别人也都很冷淡，这是青春期的常见现象。一般来说，青春期孩子的生理成熟在先，其心理成熟在后。也就是说，青春期的孩子心理发育还没有很成熟，正处于心理断乳期，会出现这种表现和心理特征，让孩子做的事情可能不能让父母如意。父母如果在此时对孩子的心理不了解，对出现的错误进行指责，让孩子感觉到厌烦，就会导致亲子关系出现一系列的问题，既造成孩子的烦躁，也会让父母感到困惑。

国内外的很多研究都表明，经常和父母在一起的孩子，不仅智商高，而且意志坚定。其实，父母也经历过青春期，也能体会这个时期身心上巨大的变化对孩子造成的心理变化。因此，父母可以和孩子一起成长，一起体验青春，这样既可以缓解双方的不适，也可以一起享受成长的过程。父母要明白，孩子正处于青春期，再用以前的教育方法，尤其是强制的、严厉的、简单粗暴的家长式作风来教育孩子，显然是不管用的，那样只会让孩子越走越远。

因此，父母一定要记住，虽然孩子已经长大，但他们的心灵还是脆弱的。你如果想走进孩子的内心世界，就必须要心平气和地和孩子交流。

## 孩子有了自己的隐私

生活中，有很多青春期孩子的父母都在抱怨，说自己的孩子好像一下子有了很多的隐私。面对孩子的隐私，很多父母会产生一种好奇心，想知道孩子会不会早恋，或者会不会做什么坏事。或许父母是处于关心的角度，但是拿着关心当理由去偷看孩子的聊天记录或者孩子的信件、日记等，这样做不会对孩子有什么帮助，反而会让孩子更加反感父母，从而对父母关上心门，不愿意再沟通。

任何人都有自己的一点小秘密和隐私，这是不希望被别人知道的部分。父母应该知道，孩子心中存有秘密是十分正常的事情，这其中包括孩子的情感变化以及他的成长经历等，不一定就是一些不可告人的事情，父母完全不必对此大惊小怪。我们可以换一个角度，如果父母的秘密被孩子偷看，父母会有什么样的感觉呢？因此，父母要把孩子当作一个独立的人来看待，不要认为孩子是自己的，自己就有权干涉他的全部，只有保持孩子和自己在人格上的平等的心态，才会尊重孩子的隐私，赢得孩子的尊重。

由于小洁已经上初中二年级了，学习压力有些大，也需要查阅很多的资料，因此小洁的父母给她买了一台笔记本电脑，方便小洁查阅一些学习资料。刚刚收到笔记本电脑的小洁十分兴奋，每天放学回到家里就钻进房间玩电脑，有时不是在找一些学习有关的资料，而是在玩游戏或者上网和同学聊天。小洁的妈妈没有很上心，她觉得是因为刚刚买了电脑，小洁还处于兴奋的状态，时间长了，新鲜感过去了自然就好了。

可是小洁却完全没有停下的迹象，而且出现了作业完不成的情况，妈妈有些担心，买电脑是为了让小洁更好地学习，可是却出现了相反的结果。为此，小洁的妈妈特别注意观察了小洁的行为，她发现小洁经常和一个网友聊天聊到半夜，而且看这个网友的头像和名字就知道是个男孩子。难道小洁网恋了？这个想法让小洁的妈妈有些紧张，孩子正处于青春期，这要是恋爱的话一定会影响到她的学习和身心健康的。

小洁的妈妈想了一整天，觉得如果贸然和小洁谈的话可能她不会和自己说实话，于是小洁的妈妈决定先看一看她到底和那个男网友都在聊些什么。在小洁上学的时间，妈妈打开电脑看她的聊天记录，看到这些后松了一口气。他们聊天的内容很健康，这个男孩是小洁的小学同学，两个人考到了不同的初中，两个人就在网上说一些自己老师讲课的情况，或者说一些同学的事情，就是两个好朋友之间的聊天。可是，小洁的妈妈还没来得及关电脑呢，小洁就回来了，正好看到妈妈在看自己的聊天记录，顿时火冒三丈，“啪”的一声关上笔记本电脑，自己则转身夺门而去。

## 孩子有了自己的隐私父母该怎么应对

### 用正确的态度看待孩子的隐私

任何人都有自己的隐私，孩子心中有了秘密是十分正常的事情，父母完全不必大惊小怪。

### 重在引导，少干涉

侵犯孩子的隐私只会让孩子更加反感，反而不利于彼此交流。正确地引导孩子，给孩子一个相对独立的空间，通过平等对话，让孩子主动打开心扉。

### 培养孩子对自己的信任感

信任感是从生活中一点一滴建立起来的，让孩子信任自己了，自然愿意和自己交流小秘密，所以平常一定要对孩子言而有信。

总之，父母要主动改变观念，不要把孩子当作自己的附属品，要把孩子当成一个具有完整人格的人平等对待，尊重孩子，从尊重孩子的隐私开始。

后来爸爸妈妈在一个网吧找到小洁，妈妈见到小洁立刻道歉说：“是妈妈不好，我应该尊重你的隐私权，你跟妈妈回家好不好？”

虽然小洁跟着爸爸妈妈回家了，但是从此以后，小洁就不愿意和父母说话了，任何心事都不会告诉父母。

很多父母可能认为，孩子的生命都是自己给的，哪里还有什么隐私呢，因此，偷看孩子的隐私家长会觉得不以为然。有些家长还认为，看看孩子的聊天记录、手机短信、日记等，这都是天经地义的事情，其实这也是一些父母不懂法的表现。作为家长，当然有权利和义务监督和引导孩子上网，孩子有早恋的倾向也应该及时引导，但是不能采取侵犯孩子隐私的行为来引导孩子，否则，就会好心办坏事，让孩子感到难堪，在不知不觉中伤害到孩子的自尊心。

事实上，孩子到了青春期以后，开始慢慢长大，他们渴望父母能给自己更多的空间，而有些家长总是想控制孩子、干涉孩子，结果把孩子越推越远，最后只能简单地客气，而不会真心地聊天了。

适当的控制是有必要的，但随着孩子年龄的增长，更多的是靠孩子的自觉和自律，而且要给孩子自主的空间，要尊重孩子自主的空间，这样孩子才会和父母建立一个平等交流的平台，亲子关系才会融洽。

## 孩子不愿同父母分享所喜欢的事物

生活中，可能很多家长都遇到过这样的情况：孩子进入青春期以后，忽然就像变了一个人一样，以前总是缠着自己带他们出去吃饭、逛街或者旅游，有时甚至周末吃个冰激凌也会吵着要和父母一起去，什么事情都和父母说，很愿意分享自己的一切，可是现在，孩子总是更愿意自己一个人玩游戏，一个人看电影，甚至在自己的抽屉或者房间门上加一把锁，有些女孩子还觉得这么大再和妈妈一起逛街是件很丢人的事情。

其实，孩子不愿意和父母分享自己的事情，并不是孩子的问题。处于青春期的他们渴望独立，他们更希望父母能够理解自己、支持自己、尊重自己。但是父母如果单单认为孩子的这些行为不可理喻或者强行干预的话，孩子就只会离父母越来越远。孩子要的是父母体会与了解他的感觉，许多父母抱怨他们的孩子不跟自己讨论心中的问题，其实孩子会以试探和犹豫的口吻提出问题来，只是他们这种心意常常会被父母一贯传统的反应给打消了。

小言在读初一的时候，开始上一门信息技术的课程，其实就是讲电脑知识的。虽然小言原本就会使用电脑，但是并不了解其中的原理，更不会设计什么东西，只是用来玩游戏或者上网查查资料。自从学习了信息技术之后，他开始喜欢上了钻研电脑，平时一有时间，就躲进房间里研究。

有一些成果的时候，小言高兴地告诉自己的爸爸，可是爸爸却对他的成功不屑一顾，还规定以后小言放学回家要先写作业，然后看书预习第二天的课，不能再捣鼓一些乱七八糟的东西。这让小言很不高兴，从此再有什么喜欢的东西就不跟父母分享了，因为每次他们都只会训斥自己不学习。

以后放学小言总是很晚才回家，不是和兴趣相投的同学一起去同学家，就是在网吧。不过小言的确有这方面的天赋，初二的时候，小言参加一个青少年科技大奖赛，得了一等奖，还有奖金了。这让小言很受鼓舞，决定以后一定要继续研究电脑。

小言的爸爸妈妈也很吃惊，没想到儿子居然真的研究出了点名堂，就想着好好培养他的天赋。可是，小言拒绝和爸爸谈论电脑，爸爸说给他买台新的电脑，小言说自己的奖金够了，不用让爸爸破费。爸爸想要缓和和小言的关系，主动向小言请教一些电脑的知识，小言总是不理睬爸爸，每次都让爸爸碰一鼻子灰。

有一次，小言自己做了一个网站，大家都来围观，说小言做得很好。小言的老师在家长会上说了这件事，小言的爸爸觉得很自豪，可是又觉得很失败：儿子竟然什么都不和自己说，这么高兴的事情还要从别人的口中得知。回到家里，爸爸就进入儿子的房间，打开儿子的电脑，想看看这个网站，结果被小言回家看到了，小言就大声对爸爸说：“谁让你动我的东西的？”爸爸自知理亏，就没有说什么走出了小言的房间。从此，小言的房间多了一把锁。

小言为什么反应这么强烈，不愿意让爸爸了解自己的成果呢？其实很简单，因为爸爸曾经否定过自己的爱好。在面对小言爱玩电脑，喜欢研究电脑的问题上，小言父母的教育方式是错误的，结果导致了亲子关系的恶化。

青春期也是孩子的危险期，很多父母都担心孩子会走错路，怕他们早恋耽误

## 和孩子共同分享他们的爱好

青春期孩子的很多想法和行为都有了自己的主见，如果父母总是因为孩子的行为不符合常规就干涉孩子的话，时间一长，孩子就不愿意和父母分享他们的东西了。父母如果这样做，就能和孩子共同体验生活了。

学会参与和引导孩子的爱好

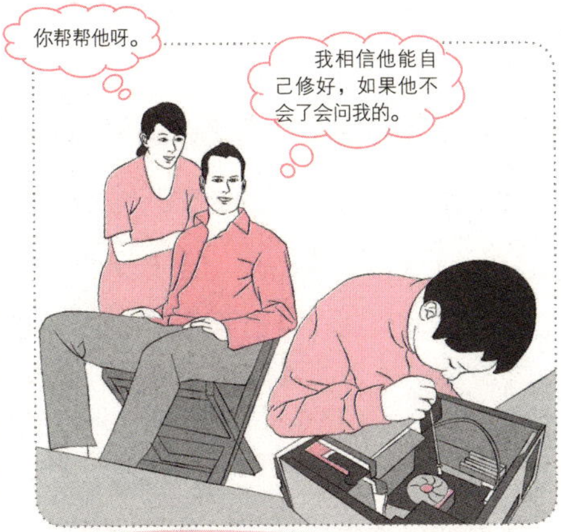


让孩子自己决定自己的事情

叛逆心理在青少年身上是全方位地表现出来的，作为父母，不要总是阻止孩子的行为，干涉孩子的决定，要积极地与孩子共同体验，在体验中和孩子沟通，逐渐引导孩子的行为。

学习，怕他们结交不三不四的朋友沾上不良的习惯等。可是，父母越是干预，孩子越会义无反顾地去做，这就是叛逆的青春期。

其实，作为父母，首先应该相信孩子。父母要给孩子这样一种认知：无论你做出什么样的选择，爸爸妈妈都会相信你，会支持你。但是，你也要相信爸爸妈妈无论做什么事情，出发点都是为了你好。在保证不影响你的学习的前提下，可以自己选择自己的兴趣爱好，自己结交自己的朋友，爸爸妈妈会给你把关，但不会阻止你去做这些事情。

只有这样做，在孩子叛逆的时候才能与孩子相处好。在孩子做了一项决定的时候，父母要做的不是阻止和干涉，而是去共同体验、引导，这样孩子才会真心接纳父母，从而听从父母的建议。

## 不想回家，离家出走的孩子心里想什么

对于所有的父母来说，孩子是家庭的核心，自己所做的努力和打拼，都是为了给孩子一个安稳的环境和一个有希望的未来。但是，很多青春期的孩子并不能了解父母这份沉重的爱，感觉父母给自己太多的压力，让自己承受不了，于是他们甚至选择一走了之。可是，孩子的离家出走，对任何一对父母来说都是最痛心疾首的。

很多父母觉得难以理解，现在的孩子生活在这么富裕的时代，爸爸妈妈都努力想要让孩子生活无忧，他们只要认真学习就可以了，为什么会有离家出走这样愚蠢的想法呢？可是，不管家长们怎么想，近几年离家出走的孩子越来越多，所以，家长也应该考虑一下自己的教育方式是否合适。

萱萱的家庭是一个幸福的三口之家，妈妈是一位中学数学教师，爸爸则是一

## 孩子离家出走的原因分析

**逆反心理**

当老师和父母扼杀了他们的主动性，就会造成孩子的逆反心理。

**拜金心理**

现在的孩子有些拜金倾向严重，在学习中表现出漫不经心，逃学去挣钱，严重的甚至离家出走去自己“闯”天下。

**盲目从众心理**

当媒体披露一些孩子因为压力过大而离家出走的消息后，有的孩子就加以效仿，以为是解脱的好办法。

所以，父母要时刻注意青春期孩子的心理变化和行为，及时与孩子沟通，防止孩子出现离家出走的行为。

位公务员。父母两人都是有很高学历的人，对萱萱的教育也十分重视，为了教育好萱萱，两个人付出了所有的心血。萱萱也非常争气，从上学以来，成绩一直名列前茅，平时在生活中也非常听话，周围的人都夸奖她，让自己的孩子向萱萱学习。

在萱萱上初中以后，爸爸妈妈对萱萱的学习抓得更严了。为了让她更好地学习，夫妻二人卖掉了原先的房子，选择在萱萱学校附近买了一套学区房，就为了让萱萱上学方便。由于学习的内容增多，萱萱有些吃力，妈妈就每天都为萱萱补课。萱萱慢慢有点受不了，感觉每时每刻都在学习。可是班里有很多同学放学都去学不同的东西，比如武术、绘画、围棋等，只有自己天天学习文化知识。

后来，萱萱跟着班里一个女生学会了下围棋，而且萱萱天赋很高，才学了两个多月就比这个同学厉害了，于是萱萱就总是在周末的时候偷偷去学围棋。后来，学校里举行围棋大赛，萱萱觉得自己下得很好，就想报名参加。可是当她和爸爸妈妈说的时候，爸爸妈妈却坚决反对，而且还对萱萱偷偷学围棋的这种行为进行了批评。这让萱萱很受挫，觉得爸爸妈妈完全把自己当成了一个学习的机器。

从此以后，萱萱就变了，不愿意和爸爸妈妈聊天了，也不爱学习了，成绩开始下降。妈妈就更加严格地管理萱萱，萱萱就更加反感，开始沉迷于网络，在网上和网友抱怨自己的生活，缓解自己的压力。可是连这个妈妈也不允许，认为她上网耽误学习，就把家里的网线掐断了。萱萱痛苦极了，在一天下午放学后萱萱没有回家，觉得家就像一个牢笼一样，她想逃离，就离家出走了。

萱萱的爸爸妈妈怎么也没有想到，原本听话乖巧的女儿竟然会离家出走！

其实萱萱这个事件并不是一个个例，对于青春期孩子离家出走的问题，近几年有很多。这些孩子的离家出走，给父母带来了很大的困扰。孩子处于青春叛逆期，出现这样的事件有他们自己的原因，但是，作为父母，也不能认为孩子的离家出走与自己无关，而应该积极从自身寻找原因。

家庭教育对孩子的影响很大，孩子的第一任老师就是父母，不少孩子离家出走是由于缺乏与父母的沟通。因此，父母在平时要加强与孩子的交流，不要强迫

## 离家出走的危害

1

学生离家出走后，必然会荒废学业，前途更加渺茫。

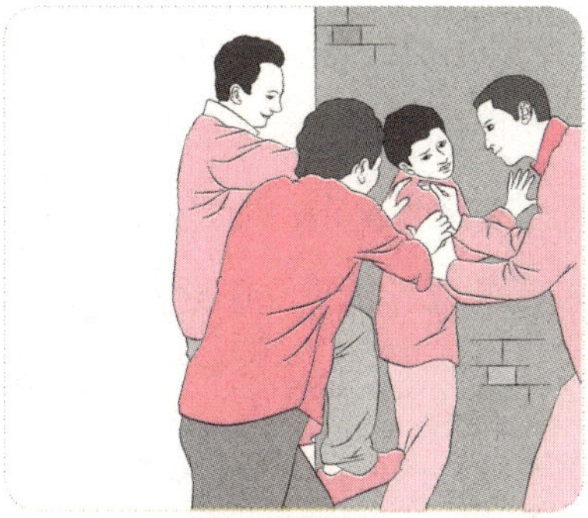

2

一个未成年人独立或者与他人结伴出走他乡，没有了父母的关心和爱护，失去了生活的依靠，很容易受人欺负和成为被害人。

3

孩子出走后，常常会成为犯罪分子的侵害对象，并极容易上当受骗。

4

由于出走后陷入缺衣少食的困境之中，孩子很容易铤而走险或在他人的拉拢和教唆下，参与抢劫、偷窃、打架斗殴等违法犯罪活动。

孩子去做一些事情，给孩子自由成长创造空间。比如，如果孩子不喜欢弹钢琴，那么，你就应该尊重孩子的想法，不要再强迫孩子去学。

另外，对于孩子的学业，也不应该过多干预，青春期的孩子已经开始认识到学习的重要性，整天唠叨与叮嘱反而让孩子反感。

如果孩子已经离家出走后又自己回来了，这个时候家长千万不要再追问孩子为什么要离家出走，而是应该关心孩子在外面有没有受苦，让孩子感受到家庭的温暖，争取趁机和孩子缓和矛盾，解决问题。如果父母对回来的孩子再恶语相向，甚至打骂，会让孩子再次选择离家出走。

父母应该为孩子提供一个安定、和谐、温馨的家庭气氛，先让孩子把一颗纷乱的心安定下来，慢慢地讲清道理，让孩子从“出走”的失误中懂得人生。

## 学会放手，让孩子决定自己的事情

经济条件上的富足和父母对子女的过分宠溺，使现在的青少年更多地像父母手中的宝贝，拿在手里怕摔了，含在嘴里怕化了。青少年生活在父母的看管、监视、溺爱之下，自己没有自由，慢慢地形成了一种依赖——生活的、心理的依赖，长期的依赖使他们缺乏独立性。

在生活中，很多父母怕孩子选择错误，从来不给孩子选择的权利，不让孩子做一些自己喜欢的事情。其实，如果孩子已经进入青春期，就有了一定的是非分辨能力，加上这个时期的孩子普遍比较叛逆，想要有自己独立的生活空间，所以，父母在孩子进入青春期以后，应该多听听孩子的想法，尊重他们的选择和意见，父母过多地干预，孩子会失去生命的价值和意义。

小夏的爸爸妈妈都是事业有成的人，爸爸是个自己创业成功的企业家，妈妈是一个公务员，所以，爸爸妈妈从小就给小夏提供了优越的环境，想要把小夏培养成为一个杰出的人才。小夏从三岁开始学习爸爸妈妈要求的各种领域的东西，上小学以后就非常注重学习成绩。小夏也听话，完全按照爸爸妈妈的要求来做，无论是学习还是其他的特长，小夏都很优秀。

可是到了初中以后，小夏开始排斥爸妈安排的这些学习项目，开始有了自己的想法。有一阵子，小夏沉迷于烘焙，经常自己在家里做各种面食，做好后就给爸妈尝一下。刚开始，小夏的妈妈还夸儿子很懂事。可是当知道小夏长大后想做一名面点师的时候，爸爸妈妈坐不住了，开始轮番批评小夏没有出息没有理想，从此不准小夏再进厨房半步。

小夏感觉自己完全就是爸妈的布偶，没有任何自主的权利。为了反抗父母，他开始不认真学习，课下也不再参加任何辅导，没过多久，小夏的成绩就下滑了很多。爸妈看到小夏这样颓废，更加严厉地管教他。妈妈每天亲自监督小夏的课下辅导，请了老师来家里给小夏一对一辅导功课。小夏完全像是在一个牢笼里，受不了这样管束，在一天放学后，小夏没有回家，离家出走了。

从这个例子中，我们不免深思，面对孩子的人生选择，父母要如何去做呢？是尊重还是阻止？显而易见，一味的阻止并不能带来父母想要见到的结果，还可能迫使孩子做出更多过激的行为，到时候，父母恐怕会追悔莫及。

就算孩子没有反抗，而是逆来顺受地接受了父母的建议，遵循父母设定好的人生轨迹走下去，这样孩子的人生就会成功吗？恐怕不见得，他们过多地依赖父母，只会让他们失去独立性。很难想象，一个没有独立欲望、没有基本生存能力的人会有创造欲望和创造能力。

而一开始就会选择的孩子经常为自己的人生选择而忙碌，尽管他们曾遭遇过无数的挫折，曾碰得“头破血流”。但是，他们的挫折会换来他们的成就。所以他们的生活是充实的，他们体会到了生命的真谛。

在实际的生活中，青春期的孩子正处于学习的重要阶段，由于学习任务比较重，他们并没有过多的属于自己的时间和空间，可以去做自己想要做的事情，这对孩子的成长并不好。这个时候，父母应该给孩子多一点自己可以决定的时间和空间，不要再过多地干涉孩子，让他们在自己的小天地里，决定自己想要做的事情。这样既可以锻炼孩子的自主意识，又可以避免家长过多干涉造成孩子的叛逆。

当然，随着青春期孩子的逐渐成长、经验的增多，孩子做决定的能力也会逐

## 如何放手让孩子自己做决定

作为父母，绝不能对孩子管得过宽或管得过死，不要对孩子的每个细节都指手画脚，这样，孩子才能成长为一个独立、有主见的人。

渐提高。只要父母给予充分的支持，孩子就能收获更多的知识和丰富的经验。知识增加了，经验丰富了，孩子的心理发展也就更成熟了，做好孩子的心理医生，也就不再是什么困难的事情了。

## 父母“太土”，孩子不愿接受父母的教育

很多父母认为，只要给孩子足够的物质满足，就是给孩子一种更好的生活，其实父母恰恰忽略了孩子最需要的东西。孩子最需要的不是玩具和零食，而是亲密感情的表现形式，比如你了解他的思想，理解他，认同他，给他一句鼓励的话，等等。

尤其是进入青春期的孩子，他们逐渐有了自己的爱好和思想，对此，父母应予以正确的引导和鼓励，不能以一成不变、简单粗暴干涉的方式来约束孩子，应该突破传统教育的固定模式。家庭教育也需要与时俱进。父母应该在平时多留意社会的发展和孩子的想法，注意与孩子沟通，在了解孩子的想法后也要多向老师求教，双方配合合理引导，从而促进孩子的健康成长。

现在计算机技术的快速发展，让孩子接触的信息总是随时更新。青春期的孩子接受新鲜事物的能力很强，于是他们总是紧跟时代潮流，在他们眼中这就是时尚。所以，在父母还用原先的传统的教育模式来教育孩子的时候，孩子就会出现反感，感觉父母太落后了，“太土了”，有些孩子甚至还会嫌弃父母，不愿意和父母交流。

小希是个上初三的女孩，她性格开朗，平时很喜欢和别人聊天，而且学习成绩也不错，没有像其他青春期的孩子一样叛逆，让父母难以管教。可是，小希的妈妈觉得女儿还是不愿意和自己交流。虽然妈妈觉得自己很民主，对女儿并没有

太多的要求，可是女儿还是情愿对着电脑一天，也不愿意和自己说句话。

有时她看到女儿在玩电脑就主动凑过去，想看看女儿玩的是什么，想要找些话题和女儿聊一聊，了解一些女儿的问题。可是，看到小希玩的东西，她完全不知道是什么意思，里面的对话也看不明白，每次都要问女儿这是什么意思，没几次女儿就烦了，说："你什么都不懂，不要看了，你忙你的去吧，别打扰我。"

以前，小希的衣服都是妈妈帮忙买的，可是现在她再也不用妈妈帮忙了。有时妈妈买一件衣服回来，高兴地让小希试一试，小希看一眼就皱着眉头说："你这是什么眼光啊？现在谁还穿这样的衣服出门啊？太土了，我才不穿呢。"

周末的时候，妈妈就想问问小希要不要出去逛街，小希从来不去，还说："我才不跟你出去呢，你看东西的眼光太俗了，跟我不在一个档次上，没有共同语言。你自己去逛街吧，我跟同学都约好了。"妈妈每次听到小希这样说，心里就会有些难过，觉得自己辛苦养大的孩子为什么总在嫌弃自己呢？

其实，孩子之所以会有这样的语言和行为，是因为进入青春期的他们，开始有了自己的思想，而这些思想，与父母的思想是不同的，所以他们才会觉得父母太土了。心理学家研究发现：孩子在10岁之前对父母是崇拜的，而在进入青春期以后直到20岁之前，都会对父母有些轻视。青春期的孩子最让父母操心、担心和伤脑筋。而这个阶段的孩子却开始质疑父母，并认为父母的思想跟不上时代的潮流。于是，他们总是嫌弃父母的想法"太土"、"太俗"，和父母之间的沟通也不断加大难度。

青春期的孩子本身都喜欢接触新鲜的事物，而且他们总是能很快运用到自己身上，于是他们开始用现代化的眼光来看父母，如果父母跟不上他们的节奏，就会让他们觉得太落后。这就逼迫着父母不断学习新知识、新技能，争取跟上孩子的脚步，保持和他们的对话在同一个平台，这样，更容易理解孩子的行为，也可以让孩子更容易和父母做朋友。

因此，作为现在的父母，尤其是在孩子进入青春期之后，不妨试着改变一下自己，学会用新知识、新技能来包装一下自己，每天花点时间学习一下时尚前沿的东西，用自己的行为去影响孩子，用新鲜的话题去引导孩子。这样，对于教育青春期的孩子非常有帮助。

## 父母也要与时俱进

现在媒体十分方便，孩子获取信息的渠道十分广泛，因此很多父母的认知已经跟不上孩子的脚步，造成亲子之间的隔阂，那么父母就要赶紧想办法跟上孩子的步调。

家庭教育应该与时俱进

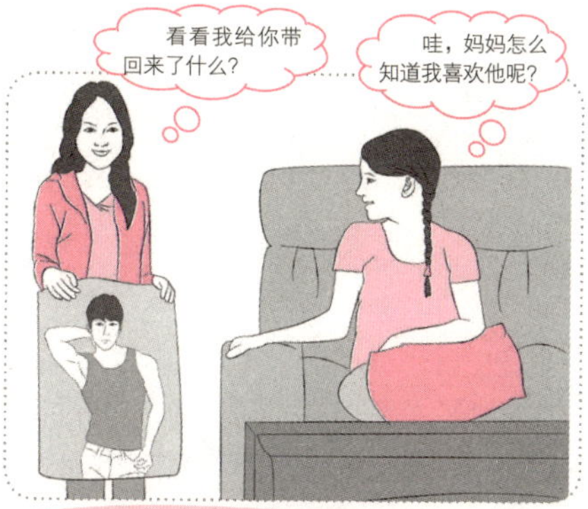


和孩子一起探讨时尚与流行性问题

让孩子安排与父母独处的时间

的确，孩子们天天用现代化的眼光审视父母，感觉自己和父母有了很大的“代沟”，如此一来，呆板的、单一的家庭教育形式已经行不通了，父母要在人格魅力、学识素养等各方面得到孩子的敬佩与爱戴才行。

# 第六章 学习，这件“恼人的事”

## 学习压力大，孩子不愿再学习

有些家长认为，只有给孩子一定的压力，孩子才会认真学习，正所谓“有压力才会有动力”，可是却不知处于青春期的孩子本身由于身体的急剧变化已经有一定的心理压力。而且这个时期正是学习的关键阶段，孩子的课业负担很大，很多孩子根本没有过多的课余时间，在学校上课占据了孩子绝大部分的时间，这也会造成一定的压力。如果家长还要再给孩子压力的话，很多孩子会因为承受不了过大压力而开始出现厌学情绪或者走向极端。

心理学研究表明，孩子的压力一部分来自学校，但是更多的来自家庭。所以，父母要有正确的成才观，要了解和理解孩子的心理特点，要经常注意了解和观察孩子在做什么、想什么、关心什么，平等地与孩子进行沟通和交流，对孩子多一分关心和爱护，少一分训斥和冷漠，多一些理解和支持，少一些专横和反对。

小江是个重点高中的学生，他的成绩一直非常好。从小，小江的妈妈就告诉小江：“要好好学习，如果考不上重点初中，你就会没有一个好出路。”于是，小江努力地学习，上课认真听讲，课下也自觉地学习。终于，小江进入了重点初中。小江的妈妈又说：“这个时期是关键时期，一定要好好学习，考到重点高中，才能考上好的大学。”小江又开始继续夜以继日地学习。别的同学常常都周末结伴出去玩，小江却一直是在辅导班里度过周末的。小江最终不负众望，成功进入现在这所重点高中。

小江以为按照妈妈的话做了，也进入重点高中了，可以松一口气了。可是妈妈却又说："在高中如果不好好学就会前功尽弃的，所以一定要专心学习，争取考到第一。"小江有些崩溃了，觉得自己一直被妈妈鞭策着前进，根本没有自己的想法。小江在自己的日记中写道："多少年来，在我心中只有第一，必须第一，无数个第一整天追赶着我，我觉得自己的生活实在太累了。"

于是进入高中以后，小江变得不听话了，他开始讨厌学习，上课也不愿意听讲了，他想摆脱"第一"的困扰。每次进入教室，小江都感到犯愁，深深排斥着课本，讨厌这周而复始、毫无意义的学习时间。他开始变得沉默，每天游走在家庭与学校之间，像一个孤独的娃娃一样没有这个年龄的孩子该有的活泼和青春。

是的，对于孩子来说，如果他生来就是为了"第一"而活着，他的人生会怎样？孩子有自己的思想和愿望，并不是只有第一的孩子才会有出息。这个时期的孩子本身学习压力就很大，家长如果再施加压力，会让孩子脆弱的心理承受不住而发生悲剧。

父母是孩子最亲近的人，对孩子的关心，不应该只是学习上的关心，还应该关注这个特殊时期孩子的内心世界，关注他们精神上的需求。特别是一些高年级的孩子，父母应该学习与孩子交朋友，与孩子一起面对学习和生活中的压力和苦难，让孩子尽可能有一个放松的心态去面对学习，这样孩子才能从学习中收获快乐，孩子也会喜欢学习，不再整天排斥学校、排斥课本。

青春期是孩子成长发育的关键时期，也是他们学习的关键时期，家长应该同时关注孩子这两方面，而不是只关注学习。学习固然重要，可是有多少孩子因为学习压力过大，心里承受不了而选择离开这个世界啊！我们也常常会在报刊等媒体上了解到青少年自杀的报道，在他们以生命的代价给我们的教育敲响警钟的时候，作为父母，我们是不是会有所警醒呢？对于处在青春期的孩子来说，沉重的学习和生活中的压力，是他们难以承担的，于是有的孩子选择了逃避，有的孩子却在痛苦中继续承担着。

由此可见，减轻孩子的学习负担，减少孩子的心理压力，是关系到孩子学习和身心健康成长的重要因素，父母应该认真对待，及时关注和引导孩子的内心世界。

## 减轻孩子心理压力的方式

减轻孩子的学习负担，减少孩子的心理压力，及时关注和引导孩子的内心世界，父母们可以参考下面的一些做法。

### 多关注孩子的内心世界

父母对孩子的关心不能只是学习，还应该关心孩子的精神需求。父母要学会和孩子做朋友，与孩子一起面对学习和生活中的压力和苦难。

### 减轻孩子的学习压力

父母要让孩子多方面考虑问题，不要把孩子的人生希望寄托在“学习第一”这样的赌注上，不要给孩子设定过高的目标，减轻孩子的学习压力。

### 重视青春期孩子的心理教育

很多父母只关注孩子的学习，却忽视了青春期孩子的心理变化，结果很多孩子因为压力过大造成厌学心理。所以，父母要重视孩子的心理教育，帮孩子解决心理困扰。

## 帮助孩子找到真正的学习动力

青春期的孩子正处于身心发展时期，更处于学习的绝佳时期。如果这个时期的孩子没有学习的动力，就没法真正地把知识学好。仅靠父母和学校施加的压力，学生没有主动学习的动力，学习就不能持续很长时间，再加上这个时期的孩子有了自己的独立意识，而且容易形成叛逆心理，所以，家长应该帮助孩子找到真正的学习动力，让孩子做自己学习的主人，主动学习，才能快速提升成绩。

任何人做事都是有动机的，学生学习也是如此。只有明确了自己学习是为了什么，才能为之付诸行动，才有学习的动力。学生如果没有学习的目的，也就没有学习的动力了。一般来说，孩子除了学习外，都有自己的兴趣和爱好。作为父母，如果能正视孩子的这些兴趣并加以鼓励，并利用这种兴趣引导孩子明确学习的目的，那么，孩子可能就热衷于学习了。

周末的时候，小海邀请好朋友小雨来自己家里玩，两个初中生都热衷于玩电脑游戏，于是两个人坐在沙发上，对着电脑玩了一天。小海的爸爸下班回到家的时候，两个孩子正在激战中呢。想到孩子一整天都在玩游戏，小海的爸爸有些生气，但是想到孩子平时学习很累，周末难得轻松一下，而且他的好朋友也在，批评他会让儿子没有面子的。但是已经玩一天了，也该休息了，正好可以和两个孩子谈一下。

在三个人谈到理想的时候，他问小海："儿子，你以后的理想是什么？"

"我想成为一名建筑师，建造世界上最坚固的大楼，即使是地震也不会给人们造成灾难。"小海好像一直有这样的梦想，所以他毫不犹豫地就说出来了。

"看来小海不光有理想，心地也很善良啊。那你知道你最近的学习目标了吗？"

"当然，我现在正努力学习争取考入重点高中。这样才能考上好的大学，将来选择最好的建筑学院去学习。"

“那你呢，小雨，你的理想是什么？”听完小海的理想，爸爸又转过头来问小雨。

“我还没想好呢，看看将来适合做什么就做什么吧。”小雨有些不好意思地挠挠头。

“还没有理想，那你现在学习是为了什么呢？”小海的爸爸紧接着问。

## 造成孩子缺乏学习动力的原因

影响孩子学习的动机，是很多因素共同起作用的，包括其自身需求、家庭因素、学校教育模式等。下面这些是造成孩子缺乏学习动力的主要原因。

1

有些父母希望孩子学习好为自己争面子，让孩子产生逆反心理，认为自己学习的目的就是为了父母的面子。

2

有些学校以升学率为教学目标，这种单一化的教育目的不符合孩子的心理需求，也会影响孩子的学习动机。

3

社会上一些拜金主义、读书无用论等价值观念，都会影响孩子的价值取向，进而影响孩子的学习动机和学习的积极性。

“不为了什么啊，我爸妈让我学我就学啊，学好了他们就高兴，学不好就老是训我。嗯，可能就是为了爸妈高兴呗。”小雨认真地说道。

“小雨，你这样想就不对了，学习都是为了自己好，学习好了最终受益的还是你们自己啊。学习没有目标，就没有学习的动力，没有动力怎能让自己坚持一直学好呢？”小海的爸爸语重心长地说。

小雨想了想，说：“难怪我的成绩总是忽上忽下，自己也不喜欢学习，原来是我没有学习的动力啊。”

“是啊，给自己确定一个目标，然后朝着自己的目标不断努力前进，这样，你就会离自己的目标越来越近的。”小海的爸爸鼓励小雨。

经过这次谈话，小雨来找小海的次数增多了，不过不是来玩电脑的，而是两个人一起在房间里学习，互相督促。在以后的几次考试中，小雨的成绩提高很快。

很多青春期的孩子都对自己的人生之路比较迷茫，不明白自己为什么读书，为谁读书。很多孩子认为读书是为了家长或者老师，这种学习态度直接导致孩子对待学习和生活的冷漠，没有热情，对什么都没有兴趣，觉得整个世界都没有意义，整个人看起来都是无精打采的，对什么都不在乎的样子。

其实，学习都是为了自己，孩子可能不明白，但家长一定要告诉孩子，自己的人生之路是靠自己来走完的，学习是为自己学的。现在学习知识，是为了在以后的人生之中可以借助知识让自己离成功更接近一点。只有让孩子明白了这个道理，孩子才会找到真正的学习动力，学习起来才会精神抖擞，朝着目标大步朝前。

## 孩子偏科，要理性引导，全面发展

偏科，是很多孩子中普遍存在的一种现象。对于青春期的孩子来说，偏科是他们成长过程中不可避免的现象。这与青春期孩子特定的心理、生理以及课程的加重有着密切的关系。当然，虽然偏科是一种不可避免的现象，但是父母一定要给予足够的重视，及时纠正孩子的偏科现象，坚持全面发展。

青春期的孩子正处在形象思维和抽象思维的过渡时期，特别容易对一些比较形象的科目感兴趣。同时，外部环境也容易导致孩子偏科，比如老师个人素质的高低、责任心的强弱，会直接影响孩子对一些科目的喜爱与厌恶；有些社会思潮也会直接渗入孩子的学习中去，比如“学什么挣得钱多”等，都可能会影响到父母和孩子的心态；还有的是学习方法不对，孩子感到学习某一科比较困难，进而丧失学习这门课的兴趣和信心；还有的孩子是因为学习疲劳或者父母太啰唆等原因造成的偏科。

小星是个初中生，在以前，小星的成绩非常好，每次都是班里的第一名，在全年级排名也非常靠前。这让父母非常高兴，他们经常夸奖小星，在亲戚朋友面前也觉得特别有面子。可是后来小星开始学习物理、化学的课程，这让小星非常头疼，虽然小星还是一样地努力学习，可是成绩始终不如意。在最近的几次月考中，小星的成绩开始下滑。如果撇开物理和化学，小星的成绩还是很好，可是只要加上这两门课，他的名次就会下降很多。为此，小星感到很难过。

爸爸妈妈现在也不好意思再向别人夸奖孩子学习好了，而且妈妈还帮小星报名参加了一个辅导班，专门补这两门。可能是小星存在畏惧心理，虽然参加了辅导班，但成绩也没有提升，反而因为在这两门课上投入的时间和精力太多，耽误了学习其他功课的时间，其他功课的成绩也出现下滑。小星烦恼极了，真是“丢了西瓜捡芝麻”。

为了学好物理和化学，小星常常学到很晚，连晚上做梦都是在学习，有时还会做梦自己物理或者化学不及格而惊醒。小星很想学好每一门课，更害怕现在基础打不好，将来上高中之后会越来越困难。

其实对于偏科的现象，家长不必再给孩子施加压力，孩子本身已经有很大的学习压力，这时家长不妨帮助孩子找找偏科的原因，然后根据原因找到合适的方

## 孩子偏科的原因之一——不喜欢某个老师

青春期的孩子学习的兴趣和动力很大一部分在于老师，如果孩子不喜欢某一位老师，就会连带着不喜欢这位老师所教的学科，时间一长就会造成偏科。那么，导致孩子不喜欢某个老师的原因是什么呢？

### 没有得到老师的重视

老师没有给孩子一定的工作任务，比如当干部，课堂上提问少等，让孩子认为自己不受重视，从而不喜欢这个老师。

### 被老师批评过多

一旦孩子因为调皮等原因被老师批评的次数多了，孩子在老师面前就缺少成功、愉悦的心理体验，造成孩子对老师的感情上的隔阂。

### 与老师有某些“过节”或者误会

老师在批评、教育学生时，难免会出现错误，有的孩子可能被冤枉了，就会耿耿于怀，产生委屈甚至怨恨情绪，与老师感情疏远。

法，或者是孩子学习这门功课的方式方法不对，或者是因为老师的讲授不是孩子能接受的程度等。这个时候切记不要再给孩子心理压力，避免孩子对这门课失去兴趣或者丧失信心，进而无法再提高成绩。

有些孩子因为学不好某一门课就对此产生自卑，从而失去对这门课的兴趣。对此，父母首先应该鼓励孩子逐渐靠近不喜欢的学科，加强对弱势学科的学习。有研究表明，只有当某知识领域的实际知识累积到了一定的水平的时候，孩子才

**帮助孩子提高学习效率的方法**

了解孩子的学习心理规律，把握学习生物钟

每个人学习的最佳时间是不相同的，父母和孩子一起找到孩子的最佳学习时间，根据孩子的学习生物钟，适当地安排孩子的学习时间。

学习要有计划性，不能随心所欲

只有安排好了计划和目标，才能够了解和把握学习的状况，适当地提高学习效率。

让孩子保持良好的情绪

父母要帮助孩子克服骄、躁、灰心等不良情绪，只有乐观健康的情绪、稳定良好的心境，才有利于学习效率的提高。

会产生对这一领域的兴趣。因此，对于不太感兴趣的科目在开始时就要多花点时间和精力，随着学习的逐渐深入，对某些科目了解得增多，孩子学习这门科目的兴趣就会逐渐培养起来。

另外，针对孩子因为偏科而产生的自卑心理，家长要让孩子相信，只要自己掌握了科学的学习方法，并愿意付出精力去学习，就没有学不好的科目。家长可以和孩子一起找出学习的薄弱环节中的一点可取之处，哪怕只有一点点，家长也可以据此对孩子进行鼓励，让孩子有“我竟然在这门最差的学科上也有过人之处”的吃惊的想法，通过赞扬，让孩子获得一种积极的自我暗示，这样通过一段时间的努力，孩子就会取得更好的成绩。

当然，每一门功课又有其自身的学科特点，而每个人也都有自己的学习方法。孩子只有了解学科的特点，根据这些特点找到适合的学习方法，才能更好地学习这门功课，而且学习起来也会轻松许多，效率也会提高。从而孩子学习的欲望会得到增强，成绩自然就会提高。

## 课外辅导让孩子感觉很累

父母为了孩子好，希望孩子有一技之长，将来能够更好地在社会上立足，或者希望提高孩子的成绩，可以考上一所好一点的学校，于是会给孩子报各种各样的辅导班。虽然父母的出发点是好的，但是却没有考虑孩子的心理承受能力，忽视了孩子内心的需求，造成孩子沉重的课业负担，让孩子苦不堪言。其实父母的一厢情愿很少能够达到成功的教育目的，反而会引起孩子的叛逆心理，阻碍孩子的正常发展。

而对于青春期的孩子来说，他们的自主意识增强，只有当特色辅导班和他们的兴趣、爱好一致的时候，才会取得理想的效果。而且，孩子的精力是有限的，他们本身的课业负担就已经很沉重，如果这个时候家长盲目地给孩子报辅导班，会让孩子不堪重负，最后也不会取得良好的教育效果。

上初二的小欣是个“大忙人”，她感觉时间总是不够用，这个年龄的她没有时间和同学逛街，也没有时间交新的朋友，甚至自己班上的同学她还不能叫出每一个人的名字。她连课下的十分钟也在学习，因为她怕自己一松懈，成绩就会下降，那样她的妈妈就会生气，接着就会给她再报班让她去学习，可是现在小欣的课外辅导班已经排得满满的，不只是各个学科的辅导班，还有特长的辅导班。

每周一、三、五晚上，吃完饭小欣就要去上数学的辅导班；每周二、四、六的晚上要去上英语的辅导班；周六的白天，上午学舞蹈，下午是钢琴；周日上午还有游泳或者是书法的特长班，下午还有两个小时的作文班。才上初二的小欣，已经学过计算机特训班、围棋班、摄影等各种各样的辅导班。虽然她样样都学了，可是整天忙碌，她一点也不觉得高兴，每天像是完成任务一样，到了地方就学习，到点了就离开，机器人一样地在各个辅导班中穿梭。只有周日下午下课早，晚上也没有事情才可以干点自己喜欢的事情。可是这个时候的小欣早已经累坏了，她只想休息。

即使是上各种辅导班，却没有让小欣的成绩提高多少，在班里也排不到前五名。小欣说自己太累了，补课时间虽然够多，却没有很高的效率，而且，她现在厌烦了这些课。每当看到同学们结伴出去逛街玩耍的时候，她都羡慕极了，很想摆脱自己的这种学习模式。

其实，很多父母都像小欣的父母一样，在孩子进入初中以后，随着学习、竞争压力的不断增大，为了让孩子不掉队，为了对孩子的升学有帮助，盲目地为孩子报各种各样的辅导班、培训班。也有的父母只是一种跟风的心理，认为别人的孩子都报班了，自己的孩子不能落在别人后面，就跟着报班。孩子在培训班上心不在焉地听着自己并不感兴趣的课程，为此还失去很多的自由。但是父母却无视孩子的心情，对报培训班乐此不疲。

让孩子多学一点知识没有错，但要尊重孩子自己的意愿，或者根据孩子自身的情况，了解孩子成绩不佳的原因，有目的、有针对性地为孩子报班，不要盲目地跟从其他人的选择，这样才能帮助到孩子，否则只会平白增加孩子的压力和负担，容易造成孩子的反感甚至是叛逆心理。只有适合孩子的才是最好的，在报辅

## 父母选特色辅导班的原则

青春期的孩子，自主意识强，只有当特色辅导班和他的爱好、兴趣相符时，才会取得理想的效果。所以父母在挑选辅导班的时候要遵循一定的原则。

尊重孩子的兴趣和爱好。给孩子报特色辅导班，要从孩子的兴趣爱好出发，否则会事与愿违，严重的还会导致孩子产生厌学情绪，对其生活和学习造成消极影响。

要听取孩子的意见。孩子是独立的个体，尤其是进入青春期的孩子，他们更希望从父母那里得到认可。所以父母为孩子报班时要耐心听取孩子的意见。

父母不要有功利心理，应允许孩子发生兴趣转移。有的父母出于功利心理，不能接受孩子的兴趣转移，比如给孩子买了钢琴就强迫孩子天天练琴。其实，孩子拥有丰富的兴趣对自身发展而言是种提高，父母要鼓励孩子全面发展自己的兴趣。

导班的时候，一定要根据孩子的兴趣来选择，让孩子在快乐的培训中发展自己的喜好。

另外，青春期的孩子已经有较强的自主意识，父母最好在报班之前和孩子商量一下，尊重孩子的身心发展规律，在了解孩子的兴趣爱好的基础上，征得孩子的同意之后再报班，这样孩子才会认真对待这个辅导班，也会从中真正地学到知识，才能获得长足的发展，为他顺利走向社会做好铺垫。

## 逃学——孩子的厌学心理

所谓“厌学”，就是孩子特别贪玩，对学习没有兴趣，视学习为负担，害怕面对学习上的困难，没有解决困难的恒心；学习方法不科学，学习习惯没有很好地养成，由此造成学习困难，不能从事正常的学习活动，纪律涣散，严重者会做出逃学甚至辍学、离家出走等行为。

有些儿童小时候不喜欢去幼儿园，但是很快就会习惯，而且越来越喜欢，原因是那里有小朋友，有阿姨，能够度过愉快的时光。慢慢地，进入小学以后，孩子就开始有了学习的压力，家长对孩子的教育也跟幼儿园时期不同，开始不断给孩子灌输“好好学习，争取考第一”的思想。然而，在这一时期，就会出现学生厌学的心理和逃学的行为。但是这个时期的孩子年龄较小，还对父母存在畏惧。等孩子进入青春期以后，身体开始快速长高和发育，很多孩子认为自己已经长大，不能再受父母的管教。这个时期的孩子课业负担也明显比小学要大，如果父母再给孩子过大的期望值，造成孩子压力过大的话，孩子就可能会逐渐失去学习的兴趣，成绩也开始下滑，时间长了，孩子就会掉队。在孩子掉队之后，父母和老师等对孩子的态度也会改变，孩子开始出现厌学心理，严重者就会出现逃学行为。

## 孩子产生厌学心理的原因

孩子厌学不仅危害到自己，影响心灵的成长发育，还会对其他人造成影响。那么，孩子为什么会产生厌学心理呢？其原因主要有以下几点：

父母期望过高会给孩子造成很大的身心压力，还会造成孩子缺乏学习的主动性和自觉性，难以领悟学习的过程，导致孩子对学习没有太大的兴趣。

首先，父母的期望值过高

有的孩子由于成绩不好，会遭受父母等的训斥和同伴的嘲笑，使孩子产生消极的情绪和情感，导致学习没有动力，把学习视为一种压力和负担。

其次，孩子存在消极的情绪

有的孩子不知道为什么学习，认为学习没有太大用处，只要能挣钱就行，这样就逐渐对学习没了兴趣，甚至厌学。

再次，没有树立正确的学习动机

很多父母和老师给孩子施加压力和学习任务，以致孩子完全不能承受，他们开始反感，于是越来越对学习感到厌倦。

最后，学业负担过重

小哲是个初中三年级的学生，因为面临中考，课业负担很重，父母为了不让小哲落下课程，就给小哲报了辅导班，每到周末的时候就要去辅导班上课。小哲感觉完全没有自己的时间了，每天面对的都是课本，时间一长，小哲开始讨厌看书，后来小哲拒绝去上辅导班，在家的时候也不看书了。父母只要提到让他写作业或者看书，他就会夺门而去，或者关上房门说是写作业，也不知道他自己在屋里到底干什么，还不允许父母进他的房间。

原本小哲的成绩属于班里的中上等，算是比较靠前的成绩，但是最近成绩严重下滑。小哲上课的时候无精打采，不听课，专门和老师对着干，作业也不做了，还经常迟到早退。任课老师只要一说他，他就会表现出逆反心理，顶撞老师，或者干脆不上这一节课了。有时，对老师的抵触情绪比较强烈，越是老师反对的事情，他就越要做，有意跟老师对着干。

孩子的厌学心理不仅危害到自己，影响心灵的成长发育，还会对其他的学生造成不好的影响。这个时期的孩子有一种喜欢跟风的心理，有的学生甚至认为这样敢顶撞老师的行为十分酷，对他逃学的行为认为是很潇洒，以至于在一个学生开了逃学的先河之后，就会有很多学生进行效仿，严重影响正常的教学秩序，影响其他学生的正常学习。

那么，面对孩子的厌学，父母应该怎么做呢?

首先父母要为孩子创设成功的机会，激发孩子的成功信念。厌学的孩子常常过分夸大学习中的困难，过低估计自己的能力，这就需要父母为他们创设成功的机会，让孩子在学习活动中通过成功的完成学习任务、解决困难来体验和认识自己的能力。同时要给孩子树立一些成功的榜样，因为一个人看到与自己水平差不多的示范者取得成功，就会增强自我成功的信念，认为自己也能完成同样的任务。

其次，要教给孩子学习方法，提高学习的能力。很多厌学的孩子一般都是由于学习跟不上，经常受到父母的责怪、老师的批评以及同学的轻视，结果他们就会破罐子破摔，经常逃学。因此，父母应及时想办法，有效辅导孩子的学习，只有学习能力提高了，孩子才会变得自信起来，那么学习的兴趣自然而然就会产生。当然，父母在辅导的时候，要教给孩子学习的方法，提高学生的学习能力，这样的辅导才是有效的辅导。

## 孩子厌学的表现

第一

不认真上课，注意力不集中，思维涣散，或者打瞌睡，或者做小动作，严重的还会干扰其他同学听课。

第二

课下不愿意自主学习或者根本就不学习，对老师布置的作业草草了事或者不做，对考试持无所谓的态度。

厌学

第三

逃学，这是厌学最突出的表现。有的学生找各种理由旷课，然后外出闲逛或玩游戏。严重者甚至跌到犯罪的泥坑。

最后，就是要尽量减轻孩子的心理和学业负担。有些父母觉得学校老师给孩子的压力还不够多，就在家给孩子施加压力。如果压力过大，孩子受不了的时候，就会产生厌学心理，有的孩子干脆离家出走。因此，父母要尽量减轻孩子的负担，结合青春期孩子的心理特点，做到寓教于乐，劳逸结合。

总之，只要父母能对症下药，耐心细致地做好孩子厌学心理的辅导，并得到老师的积极配合，就可以调节孩子的心理，排除孩子的心理障碍，从而有效地治疗孩子的厌学心理，让其以健康、积极向上的心理对待学习和生活。

## 帮孩子从考试焦虑中解脱

最近要考试了，和大多数父母一样，林妈妈也陷入了焦虑之中。中午吃饭的时候，林妈妈的几个同事坐在一起讨论起来，“平时孩子倒是有说有笑挺轻松的，但是一到考试就紧张，天天说什么不想考试，讨厌考试，这可怎么办呢？”“我家田田也是，平时活泼机灵，看起来轻松，但一到考试整个人都蔫了，每次到了期中、期末考试都紧张得手心出汗，有一次考试，她还紧张得生病了。”“我家孩子更厉害，每次考试都想逃避，不是生点小病就是出点事情，现在只要一听说考试，不仅孩子紧张，连我都紧张了。”听了同事们的聊天，林妈妈也参与到其中：“最近孩子老是心神不宁，连书都看不下去了。”

几位妈妈所描述的孩子的症状，其实就是考试焦虑。考试焦虑症是指孩子在应试教育的情境下，通过不同程度的情绪反应表现出来的一种心理状态。有的孩子焦虑情绪达到了很严重的程度，就可能发展成为考试焦虑症，所造成的后果就是考试发挥失常。

在现实生活中，考试焦虑症是目前孩子存在得最为普遍的心理问题之一。他们大多会感到不同程度的学习困难，比如记忆力下降、精神不集中、注意力分散等。有的孩子还会出现“很熟悉的知识怎么也想不起来”等情况。与此同时，孩子身上还会出现一些生理反应，比如容易疲倦、厌食、心跳加速等。

造成考试焦虑症的原因是什么？其实大多数源自孩子考前准备不足，心里没底，造成考试前紧张、考场发挥失常等现象。还有一些基础较差、性格比较内向、学习方法不够灵活的孩子，由于他们内心比较敏感、多疑、缺乏自信，最容易产生考试焦虑症状。此外，一些过分看重考试成绩、担心自己考不好就很丢脸的孩子，当然，即便这些孩子的学习成绩很好，也容易过分紧张，从而产生焦虑情绪。

徐杰今年读初中二年级了，他学习很认真，老师和父母都不用过多地吩咐，他总是有时间就会主动学习。在家里的时候，他也经常自己在房间里看书，做一些练习题。上课的时候，徐杰总是很认真地听课，及时做好笔记，课下的时候他就再看一遍笔记，把老师讲的内容再温习一遍。在别人眼中，徐杰就是一个认真学习的好孩子。

可是，就是这样一个认真学习的学生，每次面对考试都会非常紧张，在临考前的几天甚至会睡不着觉，吃不好饭，甚至还会出现拉肚子、呕吐的情况。尽管出现这样的状况，徐杰还是坚持复习，每天都自己复习到半夜才睡。可是，考试的成绩每次都不理想。老师也说，按照徐杰平时的表现，他的成绩绝对应该比他考出的成绩要好很多。

为此，徐杰十分懊恼，觉得自己很没用，关键时刻掉链子。越是这样，面对考试的时候徐杰就越想考得好一点，证明自己的真实水平，可是越是在乎，就越是紧张，成绩也就越差。有的同学还会笑话他，说：“如果我跟徐杰一样认真的话，成绩早就是第一了。”这让徐杰很受伤害，觉得自己肯定不是学习的料，将来也一定考不上好的大学。

其实，事例中的徐杰就是典型的考试焦虑。考试焦虑是让很多学生、家长和老师头疼的心理问题。孩子明明把公式都记住了，一些概念也背得滚瓜烂熟，可还是一到考场上就会忘记，怎么也想不起来，脑子一片空白。适度的焦虑可以使人注意力集中，反应更加迅速，思维也更加敏捷，有助于学生发挥出最佳水平，可是如果焦虑过度，就会产生相反的作用。过度的考试焦虑会干扰学生回忆的过程，同时对思维过程起到瓦解的作用，从而使学生考试发挥失常。

## 帮助孩子消除考试焦虑心理的方法

### 淡化考试分数

父母平时要注意自己的言行，不要给孩子灌输“分数最重要”的思想，避免让孩子因为过分重视分数而对考试产生厌恶、畏惧的心理。

### 创设良好的学习氛围

给孩子一个安静的学习空间，当孩子学习遇到困难时，及时帮助孩子，耐心指导，不要用只言片语打发孩子。

### 帮助孩子掌握考试心理的调控技巧

父母要引导孩子做好考前的准备工作，激励孩子的自信心，让孩子始终保持头脑清醒、学会控制自己的注意力等。

对于孩子的考试焦虑，家长不能再给孩子增加压力，而是要让孩子正确认识考试，减轻他们的心理负担。父母要引导孩子正确认识考试的目的，以平常心对待考试。父母都希望孩子的考试成绩很好，这本身没有错，但不能仅仅以考试成绩来断定孩子学习的好坏。毕竟考试只是对之前学习的一次检测，而不是学习的全部目的，更不是命运的最终裁决。

孩子考试分数的高低，只能表明其对过去所学知识掌握程度的好坏，并不代表孩子解决问题的实际能力如何；考试分数的高低并不能真正说明什么，更不能决定孩子的未来。因此，父母要引导孩子，告诉他们：越是临近重大考试，越要适度降低求胜动机，减轻心理压力，真正做到轻装上阵。

成功固然重要，失败也绝不气馁。如果孩子考了好的成绩得到了父母的表扬，孩子就会觉得很骄傲，此时孩子的信心也是很足的。但是孩子也有失败的时候，对于成功，理所当然要给予激励，然而，对于失败的孩子，我们也要去发现他们的优点，让孩子看到自己的实力和潜质，提高孩子的自信心，让孩子真正做到“胜不骄，败不馁”。

当然，如果孩子恐惧考试，那么做好考前的充分准备，是预防孩子产生焦虑心理最有效的方法。比如，考前复习要有侧重点，只要检查一下重点内容就可以了；考前的休息要正常，情绪要愉悦，尽量放松心情，降低心理的紧张程度，比如听听音乐、打打球，都有利于孩子放松神经，为考试做好积极准备。这样孩子就可以少一些焦虑的心理。

# 第七章 可怕的“青春期社交恐惧症”

## 青春期孩子的社交障碍

现在越来越多的孩子走进心理咨询室倾诉自己的烦恼，有个孩子说："我是一个很内向的人，不论是和男生还是女生讲话的时候，我都不敢看对方的眼睛，手也不知道该放在哪里比较好，一会儿挠头一会儿揣兜里，不知道该怎么办。"很多青春期的孩子都像这个孩子一样在某种程度上出现了社交障碍。

社交障碍就是指对社交场合或在人前表演（或操作）存在显著的、持续的担忧或恐惧，担心自己会面临窘境，而且一旦暴露于这些场合会不可避免地引起焦虑反应，从而妨碍患者的正常生活和社交活动。

青少年时期的孩子是社交障碍的高发人群，他们逃避参加聚会、害怕别人的注视、不敢与不太熟悉的人交谈，严重的甚至不敢进入公共卫生间上厕所等。社交障碍严重影响青春期孩子的身心健康和正常的生活学习。

苏娟今年已经16岁了，她长得非常漂亮，又到了花一样的年纪，很多人都非常喜欢她。可是苏娟却很害羞，或者说是过度害羞，就算是和自己班上的同学讲话她也会脸红，对于不熟悉的人，她就干脆不敢说话。如果别人盯着她看，她就开始结巴，声音开始颤抖，有时还会手足无措地咬手指甲。

今年苏娟刚刚升到高一，到了一个新的环境中，苏娟更加不敢说话了，上课老师让她起来回答问题她也答不出来。其实她的成绩还是不错的，每次考试成绩排名都比较靠前，只是每次老师让她说话的时候她都说不出来，同学如果起哄的话，她就直接脸红到脖子，低着头不说话。老师每次都没有办法让她开口，只好就不再提问她。课下的时候，老师也会和苏娟谈一下，可是苏娟还是不怎么说，只是低着头。经过几次谈话，老师也没办法了。

老师打电话给苏娟的妈妈询问苏娟的情况，妈妈说她从几年前就这样，只是认为她进入青春期以后可能比较害羞，不愿意交朋友，也不愿意说话，就没怎么在意，没想到苏娟会越来越严重，现在都没法正常和别人交流了。老师觉得苏娟存在心理障碍，建议苏娟的妈妈带她去看一下心理医生。

经过心理医生的初步诊断，苏娟出现了社交障碍，如果不能及时地疏导和纠正，将会影响到她今后的正常生活和身心健康。心理专家还说，曾经遭受过某种伤害、缺乏社交锻炼、家庭经济水平较低、父母教养方式粗暴、家庭缺乏情感温暖、受到惩罚和过度保护以及有焦虑特征的青少年更容易发生社交障碍。

其实，一般每个人都会经历短暂的社交羞怯和焦虑期，但是青春期孩子的社交障碍不一样，症状通常会持续6个月以上，有的比较严重的孩子甚至会持续整个青春期，而且还会出现成绩下滑、厌学、口吃、爱发脾气等症状。

孩子毕竟是孩子，尤其是青春期的孩子，在与他人交往的过程中难免会有一些消极的行为，比如，有的孩子由于父母的宠爱而恃宠而骄，生性傲慢，在别人与他们打招呼的时候故意不理睬别人；有的孩子一旦到了一个陌生的环境中，由于害羞心理的作用，他们就会沉默寡言；还有的孩子在与别的孩子交往的过程中，只要出现言语不和，他们就会发生矛盾等。孩子之所以会出现这些情况，其实是由于孩子没有掌握有效的交流手段，缺乏基本的人际交往经验而造成的。

而父母作为孩子的第一任老师，是青春期孩子最亲近的人，也最容易成为孩子模仿的榜样，这个时候父母就要为孩子做一个好的榜样，教会孩子如何待人接物，最重要的是，父母要教给孩子最基本的交往技能，让孩子能进行良好的人际交往。在孩子没有做好的时候，或者在孩子因为害羞而交往能力较弱的时候，父母千万不要指责和埋怨孩子，这样会打击孩子的自信心，对他们的人际交往不会起到任何的帮助，反而会增加孩子的心理负担，增加他们在与人交往中的自卑感，使得他们对于社交行为更加恐惧。

有心理学家说过：“如果孩子在某个方面有特长的话，对孩子的交友非常重

## 如何引导孩子走出社交障碍

### 1 父母要做孩子良好交往的榜样

父母是孩子的第一任老师，在孩子成长过程中，父母总是孩子模仿的对象，所以，要想孩子有好的交际能力，父母应做好交往的榜样。

### 2 帮助孩子克服害羞的心理

孩子的害羞心理在交往过程中是一个很大的麻烦，父母可以采取让孩子请朋友到家做客、鼓励孩子参加一些群体性活动等方式，帮助孩子克服害羞心理。

### 3 多给孩子一些鼓励

指责和埋怨对孩子的人际交往没有丝毫帮助，反而会加重孩子的心理负担，所以，父母应该多鼓励孩子，让孩子走出家门广交朋友，让孩子多参加集体活动，不断适应新的环境。

要。”其实可以想象得到，如果孩子在某一个方面很突出的话，在与别的孩子交往时，就会有自信，也更容易得到其他孩子的羡慕和欢迎。这样孩子在与同伴一起交往的时候就可以玩得开心点，时间长了，孩子自然就会喜欢上与别人交流。

所以，为了让孩子更好地与其他孩子正常交往，父母可以根据孩子自身的特点和具体情况，让孩子多学一点东西，培养他们的兴趣爱好。等孩子的兴趣多了、爱好广泛了，在与其他孩子交往的时候就会多一些话题和共同语言，拉近彼此之间的距离，从而形成很多新的交际圈子。

## 想交朋友却不知道该怎么做

不受同学的欢迎，人缘差，这个问题困扰着很多的青春期孩子。每一个孩子都希望自己受大家的欢迎，能融入周围的同学中，但却因为孩子自身的一些原因，他们的人际关系并不是很好。

而实际上，青春期孩子之间的交往，是单纯的，是发自内心的，很多人能在青春期的时候收获一生的友谊。而同时，这些孩子之间的交往，更有利于他们适应社会，有助于他们树立坚定的信念，能让孩子在生活和学习中鼓起战胜困难的勇气。所以，在青春期，孩子应该多交一些朋友，可是孩子由于缺乏社交经验，有时难免会在交往中遇到各种障碍，会让自己交朋友的路途不顺。

子璇是个十分可爱的青春期女孩，今年读初中二年级的她却十分苦恼，整天都是闷闷不乐的。妈妈观察她好几天了，心里觉得可能是她进入青春期了，心里面开始藏事情了。可是这样无精打采的情绪肯定会影响她的学习的，于是妈妈决定今天好好和子璇谈一下。

下午放学回到家里，吃完饭，子璇就到自己的房间里面了。过了一段时间，妈妈觉得子璇应该写完作业了，就端着切好的水果推开门，看到子璇在上网，可是没有玩游戏，没有看视频，也没有和别人聊天，只是一直在看别的同学发的动态。妈妈坐在子璇旁边的床上说：“这些都是你的朋友吗？”

子璇的眼睛明显暗淡了下来，说：“他们都是我的同学，这是他们在群里面发的动态。我和他们不是好朋友。”

“那你怎么不发动态或者和他们聊天，让你和他们成为好朋友呢？”妈妈有些疑惑地问道。

“我不好意思，平常我们并不太说话，我在群里说话，万一他们没人理我，

**交朋友需要的几种良好品质**

想要交到真正的知心朋友，就要学会真诚待人。真诚的心能使交往双方心心相印，彼此肝胆相照，真诚的人能使交往者的友谊地久天长。

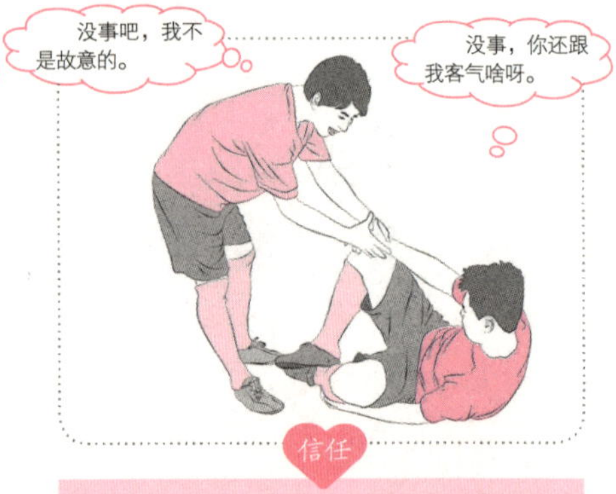


在人际交往中，信任就是从积极的角度去理解他人的动机和言行，而不是胡乱猜疑，在心里设防火墙。信任是相互的，你信任别人，别人也会信任你。

自制

与人相处，可能会经常因意见不同、误会等原因发生冲突。面对冲突，学会克制自己的情绪，就能有效避免争论，达到“化干戈为玉帛”的效果。

多尴尬啊。”

“我看你这几天都不开心，是有什么心事吗？如果有心事，可以和你的好朋友们聊一聊啊。”妈妈决定先暂停刚才的话题，转到女儿这几天的心情上。

子璇沉默了一会儿才说道：“我就是因为没有好朋友才伤心的。以前都是我自己也没觉得哪里不好，可是最近看到别的同学都好几个人一块玩，放学一块走，有的还约好周末一块出去玩，可是，我都没有朋友，也没有人会约我，现在我很羡慕他们，又不知道该怎么和他们成为朋友，每天都在想方法和别的同学多说句话，和他们成为很好的可以一块出去玩的朋友。”

妈妈没有想到子璇一下说了这么多，可能是这个孩子真的憋了太久，需要一个人来倾诉。妈妈更没想到，她这几天的不开心，是因为羡慕别人都成群结队，而她形单影只。

其实，在青春期很多孩子都会遇到子璇这样的问题，由于自己比较内向，又很害羞，所以没有很多的朋友，而在青春期的他们又很渴望有很多朋友，可是又找不到方法。

针对孩子的社交问题，父母要做孩子的心理指导老师，帮助孩子有针对性地改变自己，可以与孩子多聊一聊，看看孩子在哪一方面做得还不够，也可以通过其他方式了解孩子不受欢迎的原因。父母应该鼓励孩子与人交往，大力帮助他们结识好的朋友，建立纯真的友谊，让他们走出狭小的自我空间，在与集体的相处中感受温暖和喜悦，在心与心的交往中丰富自己的情感世界。那么，父母具体可以从哪几方面帮助孩子呢？

首先培养孩子的自信，尤其对于自卑、害羞的孩子，自信是人际交往中重要的一种品质，因为只有自信的人才会将自己成功地推销给别人认识。自信的人总是不卑不亢、落落大方、谈吐从容，而绝非孤芳自赏、盲目清高。自信的人对自己的不足有所认识，并善于听从别人的劝告和帮助，勇于改正自己的错误。培养自信要善于“解剖自己”，发扬优点，弥补缺点，在社会实践中磨炼、摔打自

## 如何帮助孩子交到朋友

### 鼓励孩子走出家门，大胆地交往

很多孩子不敢与周围的同学接触，很大一部分原因是父母的限制让孩子没有踏出去的勇气，所以，父母要鼓励孩子大胆地走出去。

### 告知孩子什么是真正的朋友

父母可以通过生活中和历史中的那些交友故事来让孩子明白择友的重要性，并让孩子知道该选什么样的朋友。

### 培养孩子的一些特长

当孩子在某些方面有了特长，就会为他结识新朋友提供机会，就会在交往上增强自信心。

### 让孩子自主选择朋友

孩子在交友的过程中，尽管需要父母的指导，但父母也要尊重他们的意愿，让孩子自主选择朋友，然后在孩子选择的过程中，进行积极的引导和帮助。

己，使自己尽快成熟起来。

当然，在人际交往中，热情的人总是不缺朋友，因为别人始终能够感受到他给的温暖。热情能够促进人的相互理解，能够融化冷漠的心灵。因此，待人热情是沟通人与人的情感、促进人际交往的重要的心理品质。父母要教会孩子热情，对待自己的朋友要有热情，对待陌生的人也要有热情，这样才能交到更多的朋友。

只有良好的品质还是不够的，父母还要引导孩子大胆地走出家门，大胆地与他人交往。很多孩子不敢与其他同学接触，其实很大一部分原因是孩子没有踏出第一步的勇气，还有一些孩子是因为自卑等心理导致孩子不敢与人交往。对此，父母要鼓励孩子多出门，锻炼孩子的勇气，只要敢踏出第一步，以后的交往就会顺畅，孩子也可以从中体会到成就感。

人际交往是一门学问，青春期是培养交往能力的重要时期，拥有良好的交往能力才能收获更多的朋友。父母应该鼓励孩子打开心门，让他们融入集体中，让他们的青春期多姿多彩！

## 最近有点烦——同学关系不佳

孩子到了青春期，大多数时间都是在学校度过的。在生活和学习中，同学之间的关系就显得尤为重要，如果同学之间的关系处理不好，就会影响到孩子的学习，而青春期是学生学习的关键时期，这就需要有一个良好的环境和和谐的人际关系。

而处于青春期的孩子，由于身体的急剧变化，他们的心理也会产生一些变化，有的孩子由此而自卑，有的孩子却因为从小就优秀而有些自大。在他们的相处中，总是会遇到各种各样的问题，让有些青春期的孩子烦恼不已。

陈婷是个在长辈眼中非常优秀的女孩子，正在读高二的陈婷长得很漂亮，见到长辈就会主动问好，而且学习成绩不错，每次考试都是前十名，在整个年级的排名也很不错。她从小学了很多的东西：小提琴、绘画、现代舞等。

但是，陈婷却并不觉得自己有多优秀，至少长辈们没有看到自己遇到的问题——她的同学好像都不喜欢她，无论是女生还是男生，甚至很多男生都很反感她。有时看到几个男生女生在闹着玩，她也想过去加入他们，可是他们立刻就会散开。经过几次这样的情况，陈婷觉得很尴尬，就不再主动去加入他们了。可是这样一来，又有同学说她高傲，对人爱答不理的。

陈婷觉得可能是自己不太会说话的缘故，她不知道该怎么和别的同学交谈，说什么话才能引起共鸣。而且，陈婷由于从小就很优秀，所以有点好强，如果有同学比自己强，就会有些不自在，自己拼命努力，就是想要超过比自己强的。而且现在他们都处于青春期，对与异性交往都很敏感，有时陈婷看到几个男生围着一个女生在说话，就会很羡慕那个女生，自己也想成为人人都喜欢的人，也想要多交几个朋友，可是为什么别人好像都很讨厌自己呢？

其实像陈婷这样的青春期孩子有很多，他们渴望有很多朋友可以一起体验青春，可是却不知道为什么总是找不对方法，别人都不愿意交自己这个朋友。有的孩子是因为自己太没有自信，不敢主动和别人讲话，总是默默地在一边看着别人玩闹；有的孩子是因为不会讲话，说话容易惹别人生气，别人自然就不愿意和他交朋友；还有的孩子是因为太要强，就像陈婷一样，什么都要比别人好，太强势的人往往会没有朋友。

因为青春期的孩子还是缺乏一定的社交经验的，在和同学的关系出现问题的时候，他们会受到影响，让自己的生活和学习都不能正常地进行。而他们也不知道该如何解决这一问题，这就需要家长用自己的经验来告诉孩子该怎么做，帮助孩子分析出现问题的原因是什么，并根据原因找到解决问题的对策。

其实，新时代的青少年应该具有一种“海纳百川，有容乃大”的宽广胸怀，对生活学习中出现的一些鸡毛蒜皮的小事不要太过计较、耿耿于怀，退一步海阔天空。另外，青少年不能只看到自己的优点，看不到别人的优点，

## 如何为孩子营造一个良好的交际氛围

孩子的同学关系如果处理不好，会给他们的学习和生活带来很大的问题，更严重的，还会影响孩子的心理发展，因此教会孩子处理好同学之间的人际关系，为孩子营造一个良好的生活氛围十分重要。

**教孩子心胸宽广，学会理解和宽容他人**

要让孩子接纳别人，既要欣赏别人的优点，也应容忍别人的缺点和不足，过分挑剔的人不会有朋友。

**同学之间多交流、多沟通**

在同学相处的过程中难免会发生不愉快的事情，这就需要大家敞开心扉进行沟通。沟通是心与心融合的桥梁，是思想交流的纽带。

**让孩子学会欣赏和赞美同学**

学会正确地欣赏他人，在赞美他人的同时也能不断完善自我，为自己铺就一条成功之路。

应该多关注一下别人的优点，发现自己的缺点，对别人的缺点和不足多理解和包容。

在学校中的都是一些性格不同的孩子，每个孩子身上都有自身的优点和长处，也有自身的缺点和不足。彼此不了解的孩子也许会因为距离美而相互吸引成为朋友，一旦近距离了解之后，就会发现对方的很多不好，有的孩子会因此而吵架，不再是朋友。其实，没有十全十美的人，作为朋友，作为同窗，应该学会包容别人。

另外，在交往的过程中，磕磕绊绊是在所难免的，有了矛盾、误解和隔阂的时候，应该多沟通，大家敞开心扉、推心置腹地进行交流。沟通是心与心融合的桥梁，是思想的纽带。通过交流和沟通，再大的误会也会解开的。

总之，青春期孩子之间的友谊是纯洁的，每一个孩子都应该珍惜这样的友谊，在平常的生活中，遇到同学之间的关系出现问题的时候，应该多从自身找原因，多和朋友交流，让真挚的感情留在青春期每一个孩子的心中。

## 孩子的“输不起”心理

对于青春期的孩子来说，他们并不像大人一样有很强的自我调节能力。在面对困境或者失败的时候，他们觉得难以接受，甚至会因此一蹶不振。尤其是现在的孩子，大多数都是独生子女，父母希望孩子的成长道路能少走一些弯路，或者直接不走弯路。于是，父母对于孩子总是很严格地要求，不允许孩子犯一点错误。当孩子做出一个决定的时候，如果父母看到这个决定会让孩子失败，父母就会立刻制止孩子的这个决定，阻止孩子走错路或者直接替孩子来做决定。

如果孩子出现了失败，家长就会对孩子进行批评，孩子失败了自己本身就会很难过，家长不但不安慰，还要训斥孩子，这让孩子觉得失败十分可怕，从此拒绝失败，什么都要争取成功，只要偶尔失败一次，就会让他们心里承受不了。

还有的孩子本身成绩就很优秀，这样的孩子有主动的上进心和很要强的性格，但是一旦他们遭遇失败，就很容易产生挫折感而变得一蹶不振。

小强是个很优秀的孩子，学习成绩从小就很好，升入初中之后，他的成绩也没有丝毫的下降。虽然课业负担很重，但是小强还是抽出时间自己复习预习，每门功课的成绩都不错。而且小强个性开朗，性格外向，很喜欢结交朋友，和班里同学的关系都很好。小强的父母都很为这个孩子感到骄傲。

因为一直很优秀，小强自己也有些骄傲，觉得自己什么都必须是第一才行。有时小强考试没有考好，没有得第一名，他自己就会非常伤心，把自己关在房间里一直学习。小强的妈妈觉得孩子已经很自觉了，对他也很放心，从来不会催促孩子去学习，小强如果考得好了，妈妈就会一直夸奖他。

这一学期开学的时候，班里要进行班长的选举，小强觉得自己不论是能力还是责任心都完全可以胜任班长这个职务，于是信心百倍地参加竞选，并且在竞选演讲中充分展示了自己的信心和能力。他的演讲完毕同学都为他鼓掌。而且小强觉得自己平时的人缘也很好，当上班长绝对没有问题。但是等到投票结果出来，他却以一票之差输给班里的另一个同学，班长职务就与他失之交臂了。

小强没有想到是这样的结果，觉得很失望，他不知道该怎么做了。小强的妈妈无论怎么开导，小强还是无法释怀，觉得心情沉重。表面上，小强还是和以前一样上学、放学，可是妈妈还是发现小强变了，原本开朗的孩子变得不再开朗了，开始变得做什么事都畏首畏尾的，觉得自己低人一等了，在做什么事情的时候信心也不足了，一直沉沦在这次失败的阴影中，觉得自己这次输了很丢人。

其实生活中有很多父母就像小强的父母一样，虽然倾心于为孩子创造宽松、舒适的生活学习环境，但是却适得其反，给孩子造成一种更大的、无形的压力，导致孩子因精神过度紧张而屡屡受挫。他们以为，孩子学习成绩好，就可以忽略孩子的心理成长。而实际上，孩子会在一些竞争方面的事情上表现得异常紧张，因为他们想利用这些来证明自己的能力。

但是在这样的教育态度下成长的孩子，并不能经得起风雨。父母的教育对孩子的影响至关重要，所以，家长要改变自己的教育态度和方法，要让孩子明白，失败也是一种人生经历，要让孩子经得起失败。

## 父母如何面对孩子的失败

### 1 失败是孩子的权利，允许孩子失败

孩子的成长过程是个必然伴随着错误失败的过程，这个过程是任何人都替代不了的。父母爱孩子，并不是要包办代替、过度保护，要让孩子自己感受失败。

### 2 鼓励孩子去冒险

孩子如果总是逃避风险，就会缺乏战胜失败与挫折的信心，因为他们不了解成功的真正意义。因此，父母要让孩子去冒险，去为了成功而锻炼。

### 3 提高孩子解决问题的能力，引导孩子在失败中站起来

当孩子遇到挫折时，父母不要立刻插手，不妨留给孩子自己面对失利的空间和机会。当孩子不能解决时，父母再和孩子一起讨论，引导孩子去思考，然后让孩子自己去执行解决的办法。

身处逆境、遭受挫折对人来说未必都只具有消极的意义，适度的挫折是一种挑战和考验，可以帮助人们驱走懒惰，成为动力，促进人们不断向前奋进。挫折和失败也是人生的一种经历，孩子正是由不完美走向完美，从不成熟走向成熟，这就是人生成长的一个过程。

总之，对于青春期的孩子，父母要培养他们“输得起”的心态，只有这样，他们才有更多赢的机会。在孩子幼稚的心灵埋下百折不挠的种子，帮助孩子树立正确的人生理想，教育孩子坦然面对挫折，指导孩子稳妥地驾驭环境，增强孩子的心理免疫力，才能使孩子健康快乐地走好人生的每一步！

## 青春期的孩子容易过度自我保护

有时候，孩子们会出现这样的现象：明明很在乎自己的学习成绩或是别人对自己的看法，可是嘴上却又表现出毫不在意、一副无所谓的样子。实际上，他们的内心体验很深，这样“形左实右”并不利于孩子正面解决问题，有时还会抑制孩子的行为发展。其实这属于孩子的一种过度自我保护，怕自己受到伤害，就故意表现出不在乎的样子，避免别人对自己的攻击。

自我保护心理在我们每个人的心里都或多或少地存在着，适度地运用这种心理防御机制可以帮助我们纠偏。但是，在青春期的孩子因为身体和心理的变化，容易形成不自信、羞怯甚至自卑的心理，从而产生社交的障碍，在与同学交往的过程中容易形成过度自我保护，这对孩子的身心健康成长是不利的，容易对孩子的社交行为产生负面的影响，使得他们不敢和其他同学正常交往。

小寒是个初二的小女孩，从小胆子就很小，害怕见到陌生人，很多事情都不敢当着别人的面去做。平常在自己班里，她给别人的印象也是非常内向、胆怯的，很容易就哭了，遇到事情总是习惯性地退缩、逃避。因此，小寒几乎没有朋友，不和同学一块玩，也不太说话，总是自己躲在一个角落里看书或者只是看着别人开心大笑，自己始终没有很大的表情变化。

令小寒的老师觉得奇怪的事情是，小寒经常会因为头晕就请假，可是往往经过一节课的时间小寒就会回来上课。开始老师并没有注意，可是次数多了老师不免开始起疑心，为什么头晕这么严重需要请假回家，可是这么快就好了？老师怕当面拆穿小寒会让这颗本来就很脆弱的心再受伤，就选择给小寒的妈妈打电话问一下。

小寒妈妈的回答让老师十分吃惊，小寒每次请假回家都是为了大便，因为她没有办法在家以外的地方大便。这个回答让老师完全没有头绪。学校里的厕所都是独立的空间，完全不必当着别人的面啊，可小寒还是没有办法接受。小寒开始都是自己憋着，后来身体出现问题，医生建议不能再憋着，小寒的妈妈才让小寒回家上厕所。为此，他们还特意在小寒学校对面租了房子，就为了让小寒上厕所方便，不用耽误太多时间。

小寒的妈妈说她没有什么大的毛病，就是胆小，为此更是没有一个朋友，因为她不敢和别人交心。小寒的老师从来没有遇到过这样的学生，后来查阅资料后才知道小寒这样的情况其实就是过度的自我保护心理。

现实生活中，每个人的心里都有一套自我保护机制，其功能类似生理上的免疫系统。当人们由于某种原因将要或者已经陷入紧张、焦虑的状态时，会借助心理自我保护机制来减轻或者免除内心的不安和痛苦，使我们敏感而脆弱的心理能够由此坚强一些，能够对危机和挫折有所防御、有所淡化，从而得到自我解脱。

比如，有的孩子在对异性产生懵懂的好感的时候，别人一说闲话，他就会自动规避这种行为；有的孩子给别人的感觉是心胸很开阔，性格很爽朗，因为他们遇到尴尬的时候不是迁怒于别人，而是通过自嘲行为大胆面对，从而将尴尬降到最低的限度；有的孩子一旦紧张、焦虑的时候，就变得话多了起来，给自己的失败、挫折找到很多冠冕堂皇的理由，虽然有一些经不起推敲，可是这在一定程度上却缓解了孩子心理上受到的强大打击，不至于出现其他危险的事情。这些都是孩子的一些自我保护心理的作用，其实适当的自我保护是有利于孩子的。但是，如果保护机制过度，就会形成负面的影响。

比如，一个男生在上实验课的时候做实验失败了，是他自己在一个很重要的

**孩子自我保护过度的不利影响**

自我保护心理每个人多少都会有一些，适度地运用这种心理防御机制可以帮助孩子纠偏。但是，自我保护心理过度就会带来负面影响。

有的孩子为了免除自我责备之苦而在别人身上找理由，这样往往会影响自己的正确认识，也会严重影响自己的人际关系。

有的孩子在学校感觉受到了轻视，就把对同学或者老师的怨气转到家人身上。而一旦父母不了解这种情况，就会导致亲子关系的急剧恶化。

有的孩子陷入一种虚幻的白日梦状态，无力解决问题时，就把自己置于一种脱离现实的想象境界，企图以非现实的虚构方式来应对挫折，从而获得心理平衡。

环节上出现了问题导致失败，但是他却振振有词地批评跟他同组的同学做实验的态度不够端正，在做实验的时候太自私、不懂得分享，严重干扰了他的操作，因此导致了失败。这实际上就是这个孩子在为了免除自我责备之苦而在别人的身上找理由。但是，这样习惯于在他人身上找理由来维持自己心理平衡的人，往往会影响对自己的正确认识，也会严重影响自己的人际关系。试想一下，哪有人甘愿自己当炮灰，来掩盖别人的失败或者错误呢？

## 如何帮助孩子选择真正的朋友

青春期是每个孩子的人格发展和形成期，这个时候，交什么样的朋友，与什么样的人交往，都会对孩子的一生形成影响，不但影响孩子的言行、穿着打扮、处世方式、兴趣趣味，还影响其价值观和对自我的认识。

交友应该是有选择的，而且要从善选择。和好人交朋友，孩子自身才能提高、完善。所谓“与善人居，如入芝兰之室，久而不闻其香”，长期与一个人在一起，自然会受到潜移默化的影响。所以，青春期的孩子应该慎重选择朋友。有的父母认为孩子交朋友是孩子自己的事情，和大人没有什么关系。但是仔细想一下，孩子自己还不能清楚地分辨什么是好什么是不好，如果孩子自己因为不会分辨而选择了一些不三不四的朋友的话，不但会影响孩子的成绩，还会引起孩子性格和行为上的变化。

小美和小颜是很好的朋友，两个人的家住得很近，而且还是同班同学，小颜经常到小美家里去“蹭饭”，两个人每天都有说不完的小秘密。可是最近小颜已经好几天不来家里了，小美也整天不高兴。小美的妈妈就问她是不是和小颜吵架了。因为两个女孩都已经到了青春期，性格会有些许的改变，也都有点敏感了，也许会因为一点小事情吵架。但是一般很快就会和好，这次几天都不见小颜来，小美的妈妈就猜想可能是吵得比较厉害。

可是小美摇摇头说不是，是小颜交了新的朋友，不是自己学校里的，都是一些社会上的小青年，有男的也有女的。现在小颜天天跟他们在一起，不和小美玩了。小美觉得自己的朋友“背叛”了自己，所以很难过。

听小美这么一说，妈妈觉得小颜应该是结交了一些不好的朋友，说不定会吃亏的，就打电话告诉了小颜的妈妈。小颜的妈妈也觉得小颜最近几天都很奇怪，经常出去吃吃喝喝，有一次居然在小颜身上闻到了酒味！而且老师已经打过两次电话说小颜最近几天经常不完成作业，上课的时间睡觉，看来都是这些不好的朋友给小颜带来的影响啊。小颜的妈妈就警告女儿不能再和那几个朋友一块出去，可是小颜觉得他们经常请自己吃饭，还带自己出去玩，让自己见识了很多东西，生活也变得丰富多彩了，她愿意和他们在一起玩。不管妈妈怎么说，小颜仍旧我行我素。

就这样过了大概半个月，小颜又来找小美一块上学了。小美告诉妈妈小颜的那几个朋友可坏了，有一次还勒索小颜给他们零花钱，把小颜吓坏了，再也不敢和他们一块出去了，也不敢一个人上学放学了，都是和小美还有另外一个同学一块走。

事例中小颜的妈妈知道孩子交了不好的朋友，可是只是告诉孩子不准再和他们交往，没有说清其中的利害关系，小颜根本就不听妈妈的话。其实，青春期的孩子多数都是叛逆的，家长直接强迫孩子不与一些人交朋友，孩子可能偏要去交。对于青春期的孩子交朋友，父母的确不能放任不管，但是也不能强迫孩子怎么样做。因为很多时候父母的干涉，并不能对孩子的交友起到真正的引导作用，还会让孩子认为父母在限制自己的交友自由，会让孩子更加叛逆。

其实交朋友是件好的事情，父母应该多鼓励孩子交朋友，因为接纳不同类型的朋友，多层次、全方位的朋友对孩子的发展是有益的，但是，对于一些见利忘义、损人利己的小人，父母要帮孩子辨认，然后和孩子讲讲其中的利害关系，让孩子能够远离这样的人。要知道，青春期的孩子容易受周围不良朋友的影响，有时会萌生拜金主义、享乐主义的思想，追求奢侈之风，放纵自己，不仅荒废学业，严重者还会因此走上违法犯罪的道路。

## 父母如何帮助孩子选择朋友

### 1 对孩子的朋友不要进行直接否定

青春期的孩子有着极强的逆反心理，对于父母的建议，很多孩子会表示排斥和反对。所以，对于孩子的不良朋友，不应进行直接否定，一定要讲究方法和技巧。

### 2 让孩子交一些性格互补的朋友

孩子和他的朋友应该彼此能起到有益的影响，同时还可以起到互相矫正的作用。所以，尽可能鼓励孩子与众多个性不同的孩子接触，取长补短，汲取多方面的营养。

### 3 允许孩子自己交朋友，但要时刻关注孩子交友的情况

父母可以允许孩子自己选择朋友，也可以允许孩子与一些有“毛病”的孩子交往，但必须要时刻关注孩子的交友情况，如果对孩子有了不好的影响，父母就要进行制止。

## 孩子不懂得如何说“不”

谦让和帮助别人等品质都是美德，每个人都明白这个道理，父母通常也会尽量让孩子养成良好的品德。因为孩子最终会走向社会，要在社会群体中生活，而学会与人分享或者助人为乐的话，孩子更容易得到别人的信任和支持，因此，很多父母在培养孩子的时候，都非常注重这方面的培养。但是凡事都有一个度，如果超过了这个度，自己反而会遭受一些不公平的待遇，以至于让自己无法开心地生活，而且会给自己带来很大困扰和沟通上的困难，因此孩子不仅要有良好的品德，还要学会怎么拒绝别人，学会对别人的一味索取说“不”。

当然，教导孩子学会拒绝别人这个过程需要父母的引导，因为拒绝别人实在不是一件容易的事情。有些孩子在拒绝别人的时候，因为会感到不好意思而不敢据实言明，会让对方因为摸不清你在说什么而产生不必要的误会，同时也容易造成孩子本身的心理压抑。

晓阳总是在课下的时候拿着很多同学的水杯去接水，有时自己都拿不回去，还要分两趟给同学们拿回去。晓阳的班主任已经见到好几次了，就私下问同学是不是班上有人欺负晓阳，故意让他去接水，但是问了几个同学都说是晓阳下课后主动问别人要不要去接水，他一块接回来。看来是晓阳乐于助人啊，但是为什么他不高兴呢？

有一次，老师又看到晓阳接了很多杯水，就让他放下水杯之后到办公室，想和他好好聊一下。等晓阳到了办公室，老师就先表扬了他这种助人为乐的精神，但是晓阳只是无奈地笑了笑，其实他只是嘴唇动了一下，甚至称不上是笑。老师也注意到了，就问他：“可是为什么我看你好像并不开心呢？”

老师看出了自己的心思，晓阳有点吃惊，不过沉默了几秒钟就说：“我确实不高兴，我之所以去帮同学们接水，是为了躲避给一些同学讲题。原先我的同桌

## 教给孩子几种委婉拒绝的方法

拒绝别人的某些无法接受的要求或者行为时，父母要教给孩子应注意的方式、方法，不可态度生硬，话语尖酸。

### 让孩子学会用商量的语气和别人说话

告诉孩子拒绝别人有时要和对方反复“磨嘴皮子”，直到对方认可。如此就巧妙地拒绝了对方，避免了一场冲突。

### 让孩子学会间接拒绝别人

父母可以教会孩子先进行诱导，当对方进入角色时，然后话锋一转，制造出“意外”的效果，让对方自动放弃过分的要求。

### 教孩子善用语气的转折

当不好正面拒绝时，可以采用迂回战术，最重要的是要善于利用语气的转折：首先温和坚持，其次绝不会答应。

### 教孩子学会推迟别人的请求

父母可以教孩子用一拖再拖的办法，推迟别人的请求，比如说“等我想好了再跟你说”等，这也是一种委婉拒绝别人的方法。

学习很吃力，我就经常给他讲讲题，告诉他有什么问题不会可以尽管问我。”晓阳一脸沉重地说着。

“这是好事啊，为什么不开心？”老师问他。

“一开始我只是给同桌讲，但是越来越多的同学开始让我讲题，原本这样也没什么，可是不知为什么到后来成了我给他们讲题是应该的了，如果我还有别的事情没法给他们讲，就会得罪他们，最后成了他们有什么问题，随时就要我给他们讲，我很烦，而且这也影响了我自己的学习。为了在课下不给他们讲题，我就主动去给他们接水。现在一到课下，就有很多杯子放到我的课桌上，唉，我又成了专门接水的了。”晓阳说完这一段话，眼中全是无奈。

“那你为什么不对他们说不行呢？你可以主动拒绝他们啊。”老师疑惑地说。

“我不好意思，感觉那样就和同学撕破脸皮了，以后再怎么跟他们相处呢？”晓阳小声说着。

其实在现实生活中，有很多人就跟晓阳一样不懂得如何拒绝别人，结果让自己生活得不开心。大胆地拒绝别人，是相当重要却又不太容易的事情。尤其是青春期的孩子，社会交际经验不足，又担心拒绝会造成同学关系的紧张，所以很多人如同晓阳一样选择忍气吞声，默默接受。

当然，孩子可能还不懂得如何委婉、含蓄地拒绝别人，不会拒绝别人的技巧，也可能是孩子曾经直截了当地拒绝过别人，结果造成了不好的后果，让孩子开始害怕再拒绝。这个时候，父母要教给孩子如何迂回委婉地对别人说“不”，让孩子不再违心地去做一些事情。

# 第八章 情窦初开时的甜与酸

## 青春期懵懂的性

青少年在青春期性意识的产生是以生理变化为基础的。从生物学的角度来说，儿童发育成长过程就是性成熟的过程，性成熟标志着儿童时代的结束。青春期性意识是生物本能的体现，是性生理发育的必然结果。11到15岁的青少年性器官逐渐发育成熟，性激素及其他有关激素分泌活跃，为有意识性冲动的产生创造了条件。由于心理活动以及环境的影响，青春期的青少年开始逐渐地、强烈地意识到两性之间的差别，也开始懂得两性之间的关系，出现了性意识。

青少年在青春期有一个重大的变化就是性欲的出现，还有多种多样的与性欲有关的心理活动。性意识与性冲动这种本能的增长，扰乱了童年末期取得的心理平衡，产生性欲及对异性的倾慕心理，使他们感到惶惑，渴望了解性知识。

小文今年15岁，正在初中读书，因为学校离家的距离较远，所以她在学校寄宿，开始了独立的生活。小文学校的绝大多数学生都是寄宿生，平时都没有人管教，老师也不可能全部照顾到。正处于青春期的他们有很多人开始谈起了恋爱。刚开始的时候，小文并没有在意。可是自从到了初二之后，小文就开始羡慕成双成对的同学，她开始拼命打扮自己，穿上漂亮的衣服，想要引起男同学的注意，总是渴望与男同学接触，每次和男生说话都会脸红心跳。

在班上有个男生长得个子很高，人也很帅，很招女生喜欢，小文也总是偷偷地看他，觉得他的样子十分迷人。有一次，小文正看得出神，那个男生回头看到小文了，还对着小文笑了笑，吓得小文慌乱地低下了头。从那以后，那个男生就经常照顾小文，让独自住校的小文感觉很温暖，有时他还亲自给小文打饭。小文觉得幸福极了。

两个人的关系越来越近，在一个晚自习之后回宿舍的路上，两个人一块走，那个男生牵起小文的手，小文害羞地低下头，但并没有挣脱。男生开口说："小文，做我的女朋友好吗？"小文觉得幸福来得太快了，老天对自己实在太好了，赶忙对着男生点头。那个男生也很高兴，还吻了小文。

小文的心从此就不平静了，整天胡思乱想，有时还会白日做梦一般想象两个人在一起的情景，这让小文自己也觉得很害羞，可是她又控制不住自己。这几天小文满脑子都是那些情景，她很想知道性到底是个什么样的东西，和男生有性行为是什么样的感觉，自己会不会怀孕之类的事情。小文想知道自己到底是怎么了，可是她不好意思和别人说，于是就偷偷摸摸地去上网查阅资料，还害怕别人知道。

小文现在根本没有心思再学习，不用说，成绩越来越差。小文也想专心学习，可是她满脑子都是那个男生，根本学不下去。期末考试成绩出来之后，原本在班里中上游的小文，竟然有两门课不及格。

其实，青春期的孩子都有自己的心思，女孩喜欢帅帅的男孩，男孩喜欢漂亮的女生，甚至会对异性产生一些幻想，其实这是对性的一种朦胧的认识和向往，这都是十分正常的现象。但是，这个时期的孩子还不是很成熟，虽然对性有了一定的认识，但并没有很好的自制能力，如果他们因为冲动而做出一些越轨的行为，尤其是对于女孩子，就会造成以后人生的伤害和自卑心理。

但是由于受到传统性禁锢的影响，性的问题一直被视为情感的禁区，甚至把性欲与丑恶、下流等同起来。即使是正常地谈论性问题，也会受到谴责，人们也总是会表现出一种异样的神色。相当一部分家长把青少年探求性知识的兴趣视为羞耻、邪恶、不正常、没志向等。尤其是家长不愿意在孩子面前谈论性问题，认为会有损家长的尊严。

家长对于青春期的孩子一定要加强一些关于性的教育，让孩子了解关于性的知识。家长对于这方面的知识总是会回避，有很大的一部分原因是家长对于这方面的问题也很迷茫，事实上，正是因为父母对这些问题避而不谈，才导致孩子对性的知识也非常有限，当他们遇到关于性的问题时，就会不知所措，不知如何面对。因此，父母应该学习一些有关性方面的知识来充实自己，了解一些与性教育

## 如何和青春期的孩子谈“性”

### 1 父母应转变观念

青少年十分需要从正规渠道获得有关性和生殖器官的知识，否则孩子容易接收到一些片面的或者不健康的知识，所以父母要转变自己的观念，对青春期的孩子进行必要的性教育。

### 2 从正面教育

很多父母为了避免孩子产生性尝试的欲望，往往从消极面教育孩子，比如怀孕、患艾滋病等，虽然这也是十分必要的，但是父母更应该从正面教育孩子，告诉孩子，正当的性是人类美好的东西。

### 3 以自然的态度面对孩子的问题，恰当回答

青春期的孩子已经有了辨别的能力，因此，在对孩子进行正确的性教育之前，父母要先有正确的思想，才能教导孩子正确的观念，提供恰当的性教育，使孩子在很自然的情况下，吸收性知识。

有关的知识。有了比较足够的准备，与孩子谈论性问题时才会有自信心。父母的自信心是轻松而有效地实施性教育的关键。

## 有性幻想也不一定是坏孩子

到了青春期，有的孩子会出现性幻想，这是指人在清醒状态下对不能实现的与性有关事件的想象，是自编的带有性色彩的连续故事，也称作“白日梦”。它是以虚构的与异性有关的遐想，来满足自己对性的心理欲求。性幻想往往发生在入睡前或睡醒后的一段时间里，以及在闲暇时，如乘车、乘船时，幻想时身心十分投入，很讨厌别人打扰。这些梦幻充满情爱色彩。有的人通过性幻想而达到性兴奋。

其实青春期的孩子有性幻想属于正常的心理现象，有的孩子会因为有这样的心理现象而感到自责，对此总是讳莫如深，生怕被别人看成肮脏下流的人。

小轩是个初中二年级的学生，最近他上课觉得无精打采、精神萎靡。原本他是个爱笑爱闹的孩子，但是最近他总是不愿意讲话，连走路都是低着头，见到同学会有些想要闪躲开的想法。

其实小轩会这样，是因为不知道为什么，他最近看到漂亮的女孩的时候，或者看到影视作品中的异性形象特别是一些穿着有些暴露的女士的时候，脑子里经常情不自禁地出现一些与她们在一起的幻想，总是想入非非。有时想象和她们在一起约会、抚摩、接吻等，甚至会因为这些想象而出现性冲动，为了缓解冲动，就自己手淫来自慰。虽然当时感觉很好，可是事后他就会觉得自责、自卑，害怕让别人发觉自己是这样的人，感觉自己成了坏人一样，比别人矮一等。

可是就算是这样，小轩仍有些控制不住地经常这样幻想，自己觉得这样不对，可是又忍不住这样。只要看到异性就会开始不自觉地想象，进而开始兴奋。

小轩觉得自己堕落了，为此整日愁眉不展，上课也没法专心听讲了，这样下去成绩肯定会受到影响啊。而且，小轩也不知道这样做对自己的身体会不会有伤害，因为最近几天总是感觉浑身无力，软绵绵的。

## 帮助孩子正确对待并减少性幻想

### 让孩子有正确的生活方式和态度

多鼓励孩子参加集体活动，在活动中自然地、友好地与异性同学进行正常交往。

### 让孩子多发展业余兴趣爱好

积极参加有益身心发展的文艺、科技等活动，把旺盛的精力集中在努力学习、发展兴趣特长上。

### 让孩子多看健康的书籍、影视以及网络内容

不要让孩子看一些富有挑逗性的作品。平常有孩子在的时候，不要开性方面的玩笑，让孩子少接触一些关于性的东西。

青春期的孩子可以通过这些活动来调适自己的心理，培养广泛的爱好兴趣，把旺盛的精力从性幻想中解放出来，投入学习科学知识、掌握技能上，投入健康有益的活动中去。

其实，像小轩这样的情况很多青春期的孩子都经历过，尤其是男生，他们接触的关于性的东西会多一些，又容易兴奋，很多时候就会控制不住地进行性幻想。但是这是十分普遍的心理现象，有这种情况的孩子也不必过分自责。从心理学角度来说，性幻想是人在觉醒状态时通过幻想获得性快感的一种方式，青春期的孩子有性幻想也是性生理和性心理健康发展的表现，并不是说这样的孩子就堕落了，是坏孩子了。但是，也不能放任自己沉湎于其中，一味追求。

作为青春期孩子的家长，如果发现孩子精神恍惚，或者看到孩子喜欢看一些不健康的书籍或者影视，并且有自慰等行为的时候，家长也不能过度夸大其中的危害，对孩子进行批评，觉得这是不道德的行为。家长首先应该明白这些现象是青春期孩子十分普遍的行为和心理现象，家长应该尊重孩子，另外也不要认为这是多么堕落的行为。但是要给孩子讲解关于性的一些知识，让孩子不要因为对性的好奇而做出一些不好的行为，还要告诉孩子凡事不要过头，太过了就会给自己带来不好的影响。

家长如果自己讲不清楚的话，可以买一些青春期心理健康的书籍或者一些关于性知识的视频，让孩子全面、正面地了解性。另外，面对孩子产生性幻想等行为，可以让孩子多培养一些兴趣爱好，平时多参加一些集体活动，丰富自己的生活，让自己的精力分散到其他事情上，防止孩子整日沉醉于性幻想中。这样孩子就会很快告别烦恼，走向愉快。

## 孩子收到情书了

每个少男少女都要经历青春的花季。花季的情感是一种美好的情感，当它到来的时很多孩子经受不住诱惑而卷入其中，无法自拔。这时候孩子往往还是害羞的，即使喜欢一个人，也不好意思直接当面说，就选择用写情书这样的方式来表达自己的情感。因此很多青春期的孩子，尤其是漂亮的女孩子，总是会收到别人的情书。

而这个时期的少男少女们，正是心理成熟期，往往渴望接近异性，当异性给自己写情书表达爱慕的时候，就会深陷其中，彼此互相吸引，很有可能就会导致早恋的结果。而这个时期的孩子虽然生理心理都有很大的发展，但毕竟没有成熟，很多想法是冲动的，如果这个时候处理不好这些冲动的行为，就可能会造成一生的悔恨。

小倩是个漂亮的女孩，在班里担任文艺委员，平常的她活泼爱笑，是班里的积极分子。而且小倩确实十分优秀，无论是舞蹈还是唱歌她都十分拿手，常常在晚会上一显身手。最重要的是，小倩的文采非常好，她的作文经常作为范文在全班同学面前朗读，她总是能将学习生活中的琐事以及自己的感悟，用诙谐的语言表达出来。

小倩每次朗读范文的时候，是班里同学最开心的时候，因为她的作文总是能引起同学们一阵阵开怀大笑，语文老师也经常夸奖她的作文轻松幽默。

有一次班里上体育课下课后，所有人都从操场往教室走，小倩也开心地和几个女生一块从操场回来。小倩坐回到自己的位置，打开下节课要用的语文课本，结果课本中夹着一封信。小倩有些紧张，心跳加速，这个时期的孩子很明白这封信意味着什么。于是小倩趁别人不注意的时候迅速地把信塞到自己的书包里。

这天放学之后，小倩匆匆离开学校，回到家里就往自己的房间去了，她迫不及待地打开信封，没有猜错，这就是一封男同学和自己表白的信。因为小倩的作文很好，这个男生还特意写了很有文采的句子，想要博得小倩的好感。信的最后署名是班里的小鲁。小鲁是自己班上的学习委员，人也很开朗，而且长得很帅气。其实小倩原本就觉得小鲁很好，但是没有想到小鲁居然喜欢自己，要知道班里很多女生都把小鲁当成自己的白马王子呢。

想到这里，小倩有些小小的得意，被人喜欢的感觉原来这么好。但是小倩的父母自从小倩升到初中以后总是提醒她不要早恋。所以，虽然得意，小倩也没有给小鲁回信。原以为小鲁以后就不会再写信给自己了，可是小鲁却很执着，每天都会给小倩写一封情书。这让小倩一方面觉得自己很有吸引力，另一方面又不知道该怎么应对小鲁。想要和父母说吧，又害怕父母会小题大做，或者不信任自己；和老师说，又怕老师会找小鲁谈话，让小鲁怨恨自己。小倩这几天烦恼极了。

## 告诉孩子收到情书怎么办

冷处理

让孩子知道很多人写情书都是一时冲动，不妨告诉孩子装作什么事也没发生过，照常跟对方交往，这样，对方就会觉得自己一厢情愿，因此主动退兵。

巧拒绝

如果对方穷追不舍，就告诉孩子可以直截了当地向对方说出自己的看法，在拒绝的同时，要让孩子告诉对方会珍惜彼此的友谊，并会对此保密。

做朋友

家长可以给孩子支招，让孩子和对方讲清楚自己不愿意早恋，并说出自己的理由。最后可以告诉对方，以后他们还是好朋友。

青春期的孩子正值情窦初开之时，有异性喜欢是很正常的，也可以说是值得骄傲的，说明孩子在某方面有自己的特长，有吸引异性的魅力。所以，家长不必过于担心，如果孩子有困惑，就及时和孩子沟通，告诉孩子该怎么处理会更好一些。

首先应该肯定，小倩没有因为男生的情书而陷入早恋的做法是十分正确的。青春期的孩子就应该集中精力积累知识，为自己将来的事业打下坚实的基础。很多的事实证明，中学时期的孩子在谈恋爱以后，心情往往会被对方牵制，学习就会必然开始分心，成绩也就会下降了。这个时期的孩子正值情窦初开的年纪，有喜欢的异性或者被异性喜欢，都是十分正常的，当然也是值得开心的，至少说明自己是有一定的特长和优势的，有吸引异性的魅力。但是，千万不要得意忘形，最重要的是怎样对待自己收到的情书。

有些父母，在看到孩子的书包里有情书的时候，总是不分青红皂白地开始训斥和教育孩子，其实孩子有自己的想法，甚至有早恋的想法都是正常的。父母应该了解这个时期孩子的行为心理，给他们讲讲早恋的危害，让孩子多参加一些活动接触更多的异性，从而不再沉迷于一个异性。当然，也不能因为孩子可能会出现早恋的情况而不让孩子接触异性，这样只会让孩子对异性更加好奇，在好奇心驱使之下，孩子就会做出更出轨的行为。

## 偷偷地喜欢上他

青春期的孩子都是情窦初开的年纪，很多孩子都曾偷偷喜欢过别人，或者对某一个人心存好感，却因为害羞或者有什么其他原因没法告白，因此就把这种好感压在心底，自己默默地、远远地喜欢着对方。或许一直到最后，对方都不知道曾经被一个人这样喜欢过。其实，这就是暗恋的行为。

暗恋这种行为在青春期的孩子中还是十分常见的，因为现实中的种种压力和阻力，他们不得不把感情埋藏在心里。中学生面临学业以及家长、学校的压力，暗恋的情况屡见不鲜。

小香的班上有一个男生是体育委员，他长得五官端正，非常帅。而且这个男生的篮球打得非常好，传球、运球、三步上篮、远投等这些动作和技巧只要是他做起来就很帅气，常常引来篮球场周围女生的尖叫。小香也是周围女生中固定的一员，她不是偶尔看一次，而是只要这个男生在打球她就一定会在旁边看着，为他加油打气，虽然他并不会知道。有太多女生为他加油了，小香感觉自己在他面前总是那么渺小，可能他都不知道每次自己打球的时候都会有这么个小个子女生在看吧。

小香每天到教室的时候，都会先看向他的位置，看看他有没有来学校；下课的时候这个男生总是很活跃，经常和同学玩闹，小香的眼睛总是追随着他的身影。有时候他会和几个女生高谈阔论，小香羡慕极了，幻想自己是这几个女生中的一个，可以和他面对面说说话。其实当他真的和自己说话的时候，小香总是低着头，简单地答应。因为有时上体育课的时候，作为体育委员的他总是会喊所有的人到操场集合，如果有人磨蹭，他就会走到那个人的身边去喊他。小香每次都会故意磨蹭到最后，就是为了等他来喊自己："小香，快点，大家都出去了。"小香就会低着头快步走出教室。

小香因为整天想着他，想要看到他，有时还会幻想自己和他在一起的情景，想象有一天他会发现自己喜欢他，以至于小香根本就没有心思好好听课，总是注意观察他的一举一动。小香也不想这样，觉得自己默默喜欢也不会有什么结果，可是总是无法将这个男生从自己的脑海中赶跑，连做梦的时候都是梦见他。

暗恋是一种美丽的情怀，也是一种浪漫的伤痛，开始时可能以为只是好感，等到生根发芽才发现它已经渐渐占据了内心。青春期的时候并不是只有小香这样暗恋别人，很多人都会和小香一样自己喜欢着一个人，而对方并不知道，虽然幻想过很多次对方也喜欢自己的场景，但是自己并不会向对方表白。这原本不是什么不好的事情，但是如果因为暗恋而影响自己的学习的话，就会得不偿失了。

现在的学生从进入初中开始，有的甚至在小学高年级的时候，生理和心理就发生了变化。就生理方面而言，随着第二性征的出现，他们对于异性的吸引和爱慕的心理特征也会随之出现。这是一种青涩的感情，在缺乏人生经验的孩子之间，这种感情更缠上了朦胧色彩。

作为青春期孩子的父母，除了要注意孩子的营养之外，还要注意孩子的心理变化。青春期的孩子很容易会遇到一些感情的问题，但是他们没有经验，往往面对自己的情感手足无措，所以父母对于孩子要多关注，特别是对于一些比较内向

## 孩子对异性有了好感怎么办

青春期的孩子由于心理及生理的成熟，开始关注异性，并且很容易被异性吸引，如果发现孩子对异性有了好感，这也是十分正常的事情，父母可以这样做：

首先

要知道孩子对异性产生好感是正常的心理，是心理成熟的表现，关键是要正确对待，理智处理。

其次

帮助孩子调整好心态，积极参加课余活动，把精力转移到学习和其他事情上，那样就没有空闲时间去想入非非，时间久了自然就淡然了。

最后

让孩子知道这份感情很珍贵，可以让孩子珍藏这份感情，让它成为一段很甜蜜的回忆。

的孩子，可能他们遇到问题的时候会不知道该怎么开口和父母说，就会压在心底，时间一长就会影响孩子的心理健康。

当然，父母对于孩子的情感问题也没必要大惊小怪，如果父母总是小题大做的话，孩子可能就不愿意和父母分享自己的情感世界了。对于孩子暗恋的事情，父母也不用强制孩子结束暗恋，因为很多暗恋并不会影响孩子的正常生活和学习。如果孩子的暗恋对象非常优秀的话，父母还可以利用这个对象激励孩子好好学习，也成为优秀的孩子。不过，如果孩子的暗恋行为已经严重影响了孩子，造成孩子成绩下降的话，家长就不能置之不理了，可以适当地开导孩子，并且多带孩子出去放松一下心情，找一些更加优秀的孩子的例子来告诉他，优秀的人还有很多，并不是只有他暗恋的那个最优秀，让孩子多接触一些异性，多结交一些异性朋友，逐渐让孩子的注意力从暗恋对象身上移开。

## 青春期孩子对老师的特殊情感

恋师现象是青少年性意识发展过程中的一种奇特现象，它会对学生的成长产生一些消极的影响。但是，同时这也是一种正常的情感。青春期是性心理发育的关键时期，恋师情结是孩子性心理发育阶段中向往年长者的感情。进入青春期的青少年心中的父母的形象开始变得很渺小，他们的独立意识变得强烈，开始有摆脱家庭、远离父母监护的愿望，他们渴望选择一种以自我为中心的生活方式。但是因为自己的能力有限、经验不足，束手无策的感觉常常萦绕着他们，他们渴望得到别人的理解与帮助，还要是父母之外的人才行。

很快孩子们就会发现，与自己朝夕相处，并且关心自己成长的老师有阅历、有才华、有智慧，并且充满着成熟的魅力。所以年轻而又有才华的老师很容易就会占据少男少女的心灵，成为他们崇拜的偶像。于是经常有学生对异性老师产生爱慕之情，并且执着地追求，也有的害羞的学生会把这种喜欢埋藏在心底。在传统教育之下，一些学生的这种爱恋老师的思想和行为会转化成痛苦的感情，从而影响到孩子生活的各个方面，以致使自己不能自拔。

小雪今年已经读初三了，班里最近新来了一个化学老师，是个非常年轻的男老师。这个老师讲课的时候一点也不呆板，而是非常的幽默风趣，即使是在做实验的时候也不是那样紧张、程序化地做实验，总是能让学生像在游戏中结束上课，还能让学生学到东西。这个化学老师平时对待班里的学生也很和蔼可亲，就像是大哥哥一样，而且就算是学生问的问题不是有关化学的，而是生活学习上的困惑，老师也会耐心解答。因此，班里的学生都很喜欢这个老师，尤其是班上的女生，更是时常去找老师问问题。

小雪觉得这些女生根本不是去问问题，肯定都像自己一样喜欢这个老师，是找机会去接近老师的。反正小雪就是这样，从这个老师讲第一节课的时候，小雪就喜欢上这个老师了。他有高高的个子，虽然没有多么帅的长相，但是他果敢的男人气质却非常吸引小雪。

小雪的成绩还是比较不错的，为了让老师注意到自己，小雪更是使劲地学习化学。功夫不负有心人，小雪的化学成绩很快就成为全班第一名，化学老师还让她当了化学课代表。小雪高兴极了，感觉自己有了有利的条件，可以经常出入化学老师的办公室，和老师经常接触。可是，小雪却没有想到，正是这样频繁的接触，让自己喜欢老师的这份感情急速加温，简直到了迷恋的程度。她每次见到老师就会脸红心跳，甚至不敢看老师的眼睛了，生怕老师发现了自己心中的秘密，而且开始经常想老师，甚至在上课的时候就会想起老师的一言一行，简直没办法听课了。

有了这样的心理之后，小雪的成绩开始下滑，老师开始批评她，这让小雪非常羞愧，觉得老师开始嫌弃自己了，越是这样想，成绩越是提不上去。而且因为害怕同学发现自己喜欢老师，小雪都不敢和别的同学一块玩了，总是一个人在角落里默默地想着老师。为此，小雪痛苦极了，她知道这是自己喜欢老师的结果，可是她不知道和谁倾诉，也不知道怎么样才能恢复正常。

现实生活中像小雪这种中学生迷恋优秀异性老师的现象屡见不鲜。处于青春期的少女，往往像崇拜偶像一般崇拜倾心的男老师，时刻留意着老师的一举一动。在对异性充满新鲜、好奇、向往、冲动的心理作用下，少女对异性老师产生

## 关于孩子的恋师情结给父母的建议

孩子喜欢上老师，其实是出于对老师的欣赏，被老师的人格魅力所吸引。父母可以和老师商量，让老师坦诚地与孩子交流，帮助孩子走出爱恋老师的迷宫。

1

**帮助孩子客观分析、评价自己喜欢的老师**

告诉孩子老师是普通人，也会有缺点，有喜怒哀乐，也会有令人不喜欢的一面。

2

**帮助孩子转移自身的注意力**

让孩子了解青春期成长应该是多姿多彩的，而不仅仅只有两性的交往和爱情是值得关注的。

3

**适度利用孩子对老师的顺从甚至依恋的关系**

适度利用孩子对老师的顺从甚至依恋的关系，让孩子多学习这个老师的课，激发学习热情，增加成就感，体现自身价值，这样可以让孩子和老师建立双向信任的关系，并有助于孩子降低、淡化、转移对老师的情感关注。

痴迷的感情而心灵战栗、表情羞涩，内心既期盼又恐惧的心理矛盾和性幻想交织在一起，为自己编织了一张爱恋老师的罗网。由于这种感情掺杂着师生的道德伦理，少女们常常把这种爱恋之情深埋在心底，强烈地抑制自己的情感，让那张无形的网束缚住自己的情感，越是压抑网就会勒得越紧。

如果家长发现孩子出现行为的异常或者成绩大幅度下滑的话，就应该主动和孩子交流一下，引导孩子说出自己心中的困惑和秘密，不要严肃地和孩子讨论这个问题，而应该和孩子像朋友一样探讨解决问题的方法，让孩子卸下心防，共同面对恋师情结。

父母在与孩子讨论这样的问题的时候，一定要注意自己的态度，不要让孩子觉得自己的行为是非常可耻的，而是告诉孩子这是青春期非常正常的行为，完全不用觉得自己是另类或者自己的行为很可耻，让孩子在阳光的心情下接受自己的行为，并放松心情，让孩子早日摆脱恋师情结。

## 孩子为什么开始刻意疏远异性

青春期的孩子普遍都很想接触异性，并且希望得到异性的关注，还有很多孩子因为喜欢而慢慢成为早恋的行为。但是在青春期的初期，男女同学的相处似乎变得比较困难，即使是童年时代很好的异性同学，这个时候也会不自然地回避。男女同学在学习、娱乐及各项活动中，界限分明，偶尔有接触也会显得很不自然，不再像儿童时期那样无拘无束、天真烂漫了。

这段时间，心理学上称为“异性疏远期”。在这个时期，特别是女孩，或多或少地受到封建落后观念“男女授受不亲”的影响，认为男女交往有伤风化。还有的女孩的父母担心孩子会受到异性的骚扰和伤害，因此总是不断给孩子灌输一些不能和男生走得过近的思想，使得女孩慑于舆论、慑于名声，就会与男同学之间壁垒森严，互不搭界。

琴琴和刚子是邻居，两个人从小一块长大，都是上同一所学校，所以两个人从小就在一起玩，一块上学放学，一块写作业、玩游戏，有什么心事和秘密也会告诉对方。但是刚子觉得最近琴琴变了，从上初二开始她就老是躲着自己，有时在学校中看到自己都会绕道而行。就算刚子主动和琴琴说话，也都是说不上两句，琴琴就会急匆匆地走开。

两个人一直都是放学之后一块回家的，可是现在琴琴总是不等刚子，自己骑着自行车回家，还告诉刚子以后都不要和她一块走了，她要和自己班上的一个女生一块回家。刚子觉得很奇怪，仔细想想，自己最近并没有得罪琴琴啊，也没有捉弄她，为什么她忽然就不愿和自己玩了呢？两个人一下子就变得陌生了，这让刚子有点摸不着头绪。

是不是自己在不知道的情况下得罪她了呢？还是有人在琴琴面前说自己的坏话了呢？刚子跑去问琴琴的妈妈。琴琴的妈妈听完刚子的问题就大概明白了，看来是自己的女儿长大了，知道男女有别了，在和异性交往的时候也知道可以保持距离了。可能是女孩发育比较早，而男孩成熟得要比女孩晚一点，所以刚子才会产生这样的疑问。琴琴妈妈耐心地给刚子讲解了一些青春期男孩女孩会遇到的一些问题，以及男女生交往时的一些区别。看着刚子迷惑的表情，琴琴妈妈就告诉刚子，平时可以看一下关于青春期心理的一些书籍，这样对于青春期的很多疑惑就都可以解释了。

刚子回到家果然去网上搜集了一些关于青春期的资料，了解了并不是自己得罪了琴琴，而是他们都长大了，不再像以前一样亲密无间了。不过，刚子还是觉得自己是琴琴的好朋友。琴琴这样疏远自己也不是好的办法，以后他一定还会和琴琴成为亲密小伙伴的。

其实很多刚刚进入青春期的孩子都跟琴琴一样，知道了自己和异性是有区别的，但是却不知道如何和异性接触，只能疏远异性了。一个缺乏与同龄异性接触的孩子其实会表现出一种不健康、不自然的与异性交往的心理和能力。这个时期对异性交往的限制常常会给他们在未来更好地鉴别、选择异性朋友带来不良的影响。

这个时候就需要家长教给孩子如何正确地与异性进行交往，既不能疏远，也不应该过于亲密而造成孩子的早恋现象。正确的性教育可以避免青少年生活中很多过失、错误、痛苦以及不幸，使他们的身心得以健康成长。父母可以教育孩子

## 告诉孩子如何与异性相处

就青春期这一阶段来说，男女同学共同学习，相互帮助，友好相处，这是很有必要的。但是与异性相处，一定要大方面对。那么，这个交往的原则应当如何把握？

### 要以树立远大的理想和目标为前提

在远大理想引导下的男女同学共同学习、活动，才会不断产生新的健康的内容，产生不断向前迈进的动力。

### 要把握语言和行为的分寸

交往要热情、开朗，尊重他人，也要自尊自爱；既要真诚相处，坦诚相助，又要端正大方。

### 扩大交友范围

要主动与大家一起参与集体活动，努力使自己成为集体中的一员，保持与男女同学之间正常的友谊，不要让友谊专注在某一个人身上。

在与异性交往的时候，要大方优雅，以尊重为先，只有这样，才能坦然而又不失分寸地交往，才能获得与异性同学之间纯洁的友谊。

有很多父母一听到孩子与异性同学交往，就会变得敏感多疑，不断告诉孩子要疏远异性，防止早恋。其实，很多青春期男孩和女孩之间交往的结果，并没有父母想象的那样严重，相反还会有一些良性的结果。当青少年进入青春期以后，由于生理和心理发育的急剧变化，从而使情绪易于波动，活动能力增加，人格独立要求增加，并付诸行动，这些都是正常的现象，并不是“恋爱”。

正常的男女交往会对双方的心理健康发展起到促进作用。由于男女同学各自特点的不同，男生往往比较刚强、勇敢、不畏艰险，更具独立性，而女生则更具细腻、温柔、严谨、坚韧的特点，男女同学的正常交往可以促使双方互补，对他们的性格发展和智力发育都有好处。

因此，父母要引导青春期的孩子正常地与异性接触和交往，对于本身疏远异性的孩子，应该鼓励、引导，让孩子坦然面对青春期的异性交往问题。

## 理智对待孩子的早恋行为

少男少女在进入青春期时，性心理和生理反应一样是有变化的，这个变化就是男孩女孩的性心理进入了一个对异性狂热向往的时期，除了有接近异性的强烈愿望之外，还产生了性的冲动和欲望，这是正常的心理需求。面对少男少女产生的性冲动，要用积极的态度、理解的态度、科学的态度给予评价，因为它是存在于任何一个男孩女孩内心的自我感受。

孩子在进入青春期以后，情感会变得比较丰富，但是却有易于波动的特点，表现在对异性的追求中，就是容易冲动，而且缺乏理智的管束。这种狂热的情感一旦冲垮理智的堤岸，对于青春期的孩子来说，他们最后品尝到的不是爱情的甘

## 测测孩子是否有早恋倾向

当孩子有以下表现时，说明孩子已经情窦初开了，这时就要时刻注意孩子的行为，及时预防孩子的早恋行为。

症状一

变得特别爱打扮

注意修饰自己，常对着镜子左顾右盼，热衷于在某个异性面前表现自己。情绪起伏大，有时兴奋，有时忧郁，做事没有耐心。

症状二

活泼好动的孩子突然变得沉默

在学校，上课分心走神、精神恍惚；在家里，喜欢一个人躲在房间，或待在一边想心事，时常走神发呆。

症状三

不愿和父母多说话

背着家长偷偷写信、写日记，看到别人赶忙掩饰。

症状四

突然对描写爱情的文艺作品、电影、电视感兴趣

突然喜欢谈论男女之间的事。

露，而是难以下咽的苦涩的青苹果。所以，青春期的孩子如果早恋的话，一旦处理不好，后果是十分严重的，它会影响孩子的学习和生活，对孩子的人生发展有着很大的危害。因此，如果自己的孩子即将进入青春期或者已经进入了青春期，那么就要注意观察孩子的行为，了解孩子的思想，最好给孩子的早恋打好预防针。但是如果发现孩子正在早恋，也不用着急或者严厉训斥孩子，毕竟这是青春期孩子非常正常的心理需求和表现行为，父母应该以正确的态度对待，理智解决孩子的早恋问题，此时如果父母处理不当，将会对孩子产生巨大的伤害。

张强是个初三的学生，学习成绩很好，在班里一直是前五名，还是班里的数学课代表，数学成绩一直是班里的第一名。父母对他的期望很高，希望他能进入重点高中去读书。

但是，事情并没有朝着父母期望的方向行进，在进入初三之后，张强班里新转来了一个女生。那个女生长得很漂亮，正是张强喜欢的类型：头发长长的，肤色白皙，身材很好，不是那种很瘦的，却很性感。从第一眼看到她，张强就觉得自己无法呼吸了。当知道这个女生的数学成绩并不是很好的时候，张强高兴极了，他利用自己课代表的身份经常给她讲题，帮助她提高成绩。在一来二去的接触中，张强更加喜欢她了，终于有一天下午放学后，张强特意等着她，问她能不能做自己的女朋友，令张强兴奋的是，那个女生居然害羞地点了点头。

张强觉得自己的感觉跟飞在云端一般。从此以后，张强每天放学都用自行车先送女孩回家，再自己回去。有一次天气很热，女生便把校服脱了下来，她里面穿的短袖很瘦，包裹着她那曼妙的少女的身体，张强看到后忍不住抱着她，亲吻她。张强感觉好极了，一发不可收拾，经常趁没人的时候就去抱抱那个女生，上课的时候也无法认真听课了，总是会想到她的身体，想象自己抚摩她的感觉，有时想着想着就按捺不住，下课就和那个女生躲到没人的角落。

张强的成绩下滑了，在中考临近的时候，原先的前五名变成了现在的后五名。更令张强始料未及的是，有次周末的时候他和女孩出去约会，由于冲动没有忍住就和她发生了性关系，结果女孩怀孕了！张强不知所措，感到很害怕，也不

## 了解青春期孩子的早恋心理

### 1 精神空虚型

有些孩子有充沛的精力，但是对学习缺乏兴趣，精力不用在学习上，又找不到合适的方式发泄这部分过剩的精力，于是，早恋便来到了他们空虚的心灵之中。

### 2 爱慕虚荣型

随着青春期的到来，加上流行的爱情歌曲和表现爱情的影视、书籍的诱导，少男少女的潜意识里也产生一种希望被认可、被赞美甚至被追求的冲动需要。

### 3 盲目钟情型

青春期的孩子进入了一个多梦的季节，他们对异性的好奇、对两性问题的兴趣明显增加，有些多愁善感的孩子就会深受困扰。

知道怎么处理，只好硬着头皮告诉了父母。

父母十分吃惊，没有想到孩子的成绩下降是因为早恋，更没有想到还让人家女孩怀孕了。父亲气得拿起皮带狠狠地打了张强，又和女孩的父母商量，结果同学们和老师都知道这件事了。张强和那个女孩都觉得没脸再回到学校了，父母又只是打骂，让两个不知所措的少男少女觉得无法再活在世上，两个人相约自杀，幸好被发现得及时才捡回性命来。

张强父母面对孩子的早恋行为，只是选择简单粗暴的打骂方式，显然是不正确的，还把孩子推向了绝望的边缘。其实如果真的遭遇孩子早恋，父母此时要切忌态度粗暴、方法简单，最好的方法应该是尊重孩子，进行“冷处理”。父母如果发现孩子陷入早恋或因为爱慕对方而魂不守舍时，不能用讥讽、责骂甚至惩罚的方式来对待孩子，也不能偷看孩子的信件、跟踪和监视孩子的行踪，当然更不能冲到学校或者对方的家中，弄得满城风雨，否则只会让孩子无地自容，甚至适得其反。所以，面对孩子的早恋，父母处理这一问题最好的办法就是理解孩子，体贴孩子，然后向孩子讲清道理并指明方向。

父母首先要听孩子的诉说，理解孩子的内心，让孩子明白以后的道路是漫长而坎坷的，未来的竞争是激烈的，只有在年轻的时候打好了基础，今后才有能力面对社会、面对生活，以后才有能力经营爱情和家庭，引导孩子从早恋的泥潭中走出来。

然后，父母要引导孩子把这份感情冷冻起来，利用真实的故事教育孩子早恋结出的果实就像没有成熟的青苹果那样，既苦又涩。当然，冷冻孩子的感情，前提是尽量把两个孩子隔离开，让两人少接触。父母对孩子的早恋教育，一定要讲究策略，态度要认真严肃、和风细雨，不能埋怨和责备孩子，更不能打骂孩子。当然，帮助孩子走出早恋的误区，是需要一定时间的，父母要有耐心，更要有信心。

# 第九章 追星、追潮流，是青春的向往

## 孩子盲目追星怎么办

青春期的很多孩子都会追星，这是很多父母比较头疼的事情之一。当然，对于十几岁的青少年来说，追星是孩子个体成长中的必然现象。其实，不只是孩子，每个人都对美好事物充满好奇和憧憬，而青春期的孩子好奇心强，更容易被那些偶像剧明星、歌星等吸引，明星俊美的外表、出色的才艺、优美的嗓音等，都会让孩子崇拜不已。

父母年轻的时候也有自己喜欢的明星，所以应该理解孩子的这种行为。其实，大多数孩子追星并没有很大的问题，他们只是平时喜欢谈论明星，或者收藏几张明星的海报或者唱片，有条件的话就去看看明星的演唱会，或者参加一下签名会，对于喜欢的明星的影视作品多关注一下，等等。这些都不会对孩子的学习和生活造成什么不好的影响，父母完全不必大动干戈地去制止孩子。让孩子在学习之余，听听音乐，看看电视，调节一下自己学习的状态和情绪，这样孩子的生活才会更加丰富多彩，他们的身心也会更加健康。

当然，还是有少数的孩子会疯狂地追星，甚至做出很多常人无法理解的行为。有的孩子为了见到自己所喜欢的明星，不惜旷课、离家出走、骗取父母的钱财，如果父母不给甚至用自己的生命来威胁父母。面对这些疯狂的追星族，父母就不能在坐视不理了，因为追星已经严重影响了孩子的学习和正常的生活，给孩子带来了严重的负面影响，甚至已经形成了一种心理缺陷。所以，面对孩子的追星心理，父母还是要加以重视，在给孩子一定空间去欣赏偶像的同时，也要注意孩子的追星有没有出格的问题。

## 孩子为什么喜欢追星

现在很多的孩子都很喜欢追星，有的是看到偶像成功想要激励自己，也有的是因为其他心理，具体来说，青春期的孩子追星大致是因为以下几种心理作用：

十几年前的“超女”火遍全国，很多如同你我一样的普通人走向舞台，成了明星，引起一场草根明星的狂热。当然，当年那些稚气的年轻女孩已经长大，成了真正的大明星。兰兰在读初中的时候就非常迷恋“超女”中的周笔畅。兰兰觉得周笔畅的歌唱得非常好，很有感情，她的年龄也比自己大不了几岁，因此就十分迷恋她，只要是周笔畅的歌她都学着唱，而且房间里都是她的海报。兰兰的妈妈看到女儿的房间之后就知道她的心思了，但是不知道兰兰追星到了什么样的程度，于是决定和兰兰谈一下。在谈话之前妈妈先上网查阅了一下周笔畅的有关信息，做好了准备。

晚饭之后，妈妈对兰兰说：“今天妈妈去你的房间帮你收拾一下，发现你很喜欢笔笔啊。”

兰兰一听有些诧异地问妈妈：“你还知道周笔畅叫笔笔啊？”

“当然，我不光知道她叫笔笔，还知道她是个非常优秀的人，你喜欢她，说明你很有眼光。”妈妈笑着说。

兰兰没有想到妈妈并不是想要批评自己的意思，还说自己有眼光，也不觉得紧张了，就放松心态和妈妈谈了起来。其实兰兰虽然很喜欢周笔畅，只是喜欢她酷酷的外形和唱歌，并没有深入了解过周笔畅。这次和妈妈谈话倒是让兰兰更了解笔笔了。

妈妈说周笔畅不仅歌唱得好，还精通钢琴、架子鼓、小提琴，字写得也非常漂亮，不愧叫“笔笔”这个名字呢。而且笔笔的学习非常好，高考的时候考了681分，是广东省第二名，大三的时候就过了英语六级，是个货真价实的才女呢。

听到妈妈这样说，兰兰更是喜欢周笔畅了，不再只是迷恋她的歌声和外形了，而是钦佩她的多才多艺。妈妈还对兰兰说：“她的成功其实不是偶然的，喜欢她不能只是喜欢她的外表或者某一个方面，还要看到她背后的付出和她其他的优点。你既然喜欢她，就应该以她为榜样，争取成为和她一样优秀的人。”

兰兰看着妈妈，暗自决定一定要好好学习。兰兰也确实这样做了。妈妈发现兰兰学习比以前认真了，还经常自己练习书法，说自己喜欢“笔笔”，字就不应该写得太差。经过一段时间的努力，兰兰的成绩有了很大的提升。

## 孩子追星，父母如何引导

孩子追星并不一定会造成不良后果，只要父母善于正确引导，就有可能让孩子在追星的同时激励自己健康成长。

### 父母要理解和接纳孩子追星

理解和接纳是教育的前提。作为父母，只有理解和接纳孩子追星，才能更好地了解孩子，也能够更好地教育孩子。

### 陪孩子一起去追星

在孩子追星的过程中，父母不妨也陪着孩子一起去追星，通过追星，可以更好地了解孩子，和孩子建立良好的亲子关系。

### 引导孩子看到明星的努力和付出

引导孩子多向思维，把对明星的外在美的崇拜转移到学习明星的精神内核上，从而起到激励孩子的作用。

兰兰的妈妈是个了不起的妈妈，她尊重孩子，理解孩子，自己先了解了孩子偶像的各个方面，挖掘偶像的榜样力量，让孩子在追星的同时激励自己健康成长。作为父母，面对孩子的追星心理，应该和兰兰的妈妈一样，尊重孩子，理解孩子，正确引导孩子，使孩子既能够追星，又能够不耽误自己的生活和学习，甚至更加努力学习。

其实追星是孩子从儿童时期向成人过渡的一种正常的心理反应，但是并不是所有的孩子都追星，有的孩子可能崇拜的是自己的老师、父母或者一些科学家、文学家等。当孩子崇拜这些人的时候父母都觉得正常，甚至在孩子欣赏一名优秀的杰出人才时还会夸孩子有出息。但是对于孩子追星的心理家长却不赞同。

所以，父母并不是不同意孩子崇拜别人，而是在恐惧孩子追求明星，担心追星会影响孩子的正常学习和生活。其实作为父母，他们的担心也是有理由的，很多青春期的孩子确实会因为过度迷恋明星而导致成绩下降。但是，家长也不必强制孩子不再迷恋，这样只会引起孩子的反感和叛逆。家长其实可以引导孩子看到明星的努力和付出，看到明星光彩的一面，也要看到他们在背后为这样的光彩而付出的代价。

看到明星积极的层面，更全面地认识明星，让明星对孩子起到一定的激励作用。家长要告诉孩子，追星不仅仅是崇拜明星的衣着、发型、谈吐等，还要学习明星的优点和长处，这样的追星才更具有实际意义，能够起到更好的激励作用。

## 追求潮流，总穿奇装异服

青春期的孩子开始逐步接受成人世界的一些做人做事、穿衣打扮的方法。另外，随着广告、媒体、娱乐等的宣传作用，很多青春期的孩子追求个性、时尚的生活方式，开始喜欢穿一些奇装异服，喜欢表现得跟别人不一样，希望得到别人的关注，觉得这是自己的个性。

“爱美之心，人皆有之”，这并不只是女孩爱美的口号，男孩也是这样的。每个青春期的男孩子都希望自己打扮得阳光、帅气一点，女孩子就希望自己时尚、美丽一点，更吸引人一点。每当他们穿上这些自己觉得非常有个性的衣服的时候，走路都特别神气，心里美滋滋的。

青春期正是接受新事物的时期，但是父母一定要指导孩子有所选择地接受。对于外界对孩子的影响，要告诉孩子取其精华去其糟粕，然后为自己所用。

小杨今年读高中二年级。某一天，他回家的时候顶着一头黄头发，黄头发中间还夹杂着几撮紫色，身上的牛仔裤都是破洞，腰带也不好好扎，裤子跟要掉下来一样。更可气的是，他的耳朵上还有好几个耳洞，在一个耳朵上就有一排。小杨的爸爸看到这样的小杨愣在了原地。

小杨读寄宿高中学校，只有到周末才会回家，小杨周一走的时候还好好的，怎么这次回来就成了这个样子？妈妈生气地问他怎么打扮成这样子，小杨得意地对妈妈说：“你不懂，这是时尚，现在的年轻人都是这样的，你已经跟不上潮流了。”

妈妈逼着小杨换下衣服来，小杨十分生气，说现在没有人再穿那么土的衣服了，嘴里嘟嘟囔囔地说：“反正我也不出去，换就换。”换好衣服，妈妈又要拖着小杨去把头发染回黑色。这回小杨死活不去了，关上房门反锁在自己的房间里，还对妈妈说：“我们同学都这样，你干吗接受不了啊？我为了染头发攒了一个多月的零花钱，除了吃饭什么东西都没有买！”

妈妈给他钱是让他买些有营养的东西，这个时期正是他长身体的时期，没有想到他居然省下来去染头发！妈妈很生气，却又不知道该怎么管教才让孩子听自己的，就给小杨的老师打电话。老师说不只是小杨，班里很多男生女生都这样，穿着奇奇怪怪的衣服，头发也五颜六色，身上还有很多饰品。老师还说：“青春期的孩子就是这么叛逆，他们觉得这样就是时尚和潮流，自己这样打扮就会让别人羡慕自己，让别人关注自己。不过您放心，周一的时候我会开一个关于这方面的专题班会，让孩子了解什么是真正的美。”

## 面对穿奇装异服的孩子，父母怎么做

青春期的孩子们因为叛逆，总是喜欢穿一些奇装异服，面对这些父母要做的不是大呼小叫的训话，也不是无休止的打骂，而是应该合理以及适度地引导和疏导。

### 1 不要直接批评孩子的审美观点

孩子有孩子的审美，如果父母直接对孩子说他们的穿着不好，孩子多半会立即反驳。因此，父母应该尊重孩子，然后了解一些流行信息，紧跟时尚脚步，找机会教育孩子。

### 2 真正关心孩子，不要只在意孩子的学习成绩

有时父母太忙连孩子换了发型、穿了件新衣服都没有察觉，只知道问孩子的成绩。孩子感觉受到漠视，就采用一些新奇的打扮、怪诞的行为来引起父母的注意。

### 3 引导孩子认识心灵美才是真正的美，才会赢得他人真正的尊重与佩服

在此期间，父母要注意自己的言行，给孩子传达一种心灵美才是真正美的信息，让孩子在潜移默化中得到改变。

其实孩子爱美是没有错的，父母在发现青春期的孩子穿着打扮有些接受不了的时候，也不要急于训斥孩子或者强迫孩子恢复正常打扮，要问清楚孩子心里的想法。如果父母直接否定孩子的审美，容易让孩子产生反抗或者叛逆的心理，反而不利于教育孩子。

面对青春期的孩子，家长的思想不能一直停滞不前，可以在闲暇的时候浏览一些流行信息，了解现在的时尚趋向，在孩子出现一些问题的时候，可以根据自身了解的一些时尚元素，结合机会教育孩子，教给孩子正确的审美。比如，在和孩子逛街的时候，可能就会遇到一些穿着打扮很奇怪的年轻人，可以借机问孩子对于这种打扮的看法，以及引导孩子了解其他人对这种行为的看法，让孩子明白这样的打扮并不好。

另外，在教育孩子的时候，家长可以传递给孩子“我们要注重外表，但是内心的美才是最重要的”，让孩子的思想在父母的潜移默化中得到改变。

## 青春期的女孩喜欢上了化妆

爱美是每一个女孩的天性。而青春期的女孩，由于身体的发育，开始有了女人味，也渐渐觉得自己已经长大了，加上这个时期的孩子都希望得到异性的关注，于是，很多青春期的女孩开始关注自己的身体，关注自己的形象，希望能在男生那里留下美好的印象。也有很多女孩开始尝试化妆，认为这是跟上时尚和潮流的一大表现。

但是，青春期的女孩还没有发育成熟，过早地使用成年人的化妆品会给孩子造成诸多身体方面的伤害，让原本自然美丽的脸变得不自然。而且，青春期是学习的关键时期，如果孩子过多地关注自己漂不漂亮，难免会影响到自己的学习。青春期的孩子还没有完全正确的分辨是非美丑的能力，这个时期做的很多事情在他们长大成熟之后都会觉得很幼稚，甚至会后悔。而关于化妆就是这样，原本孩子脸上很光滑漂亮，可是化妆品中含有很多的化学成分，如果女孩过早使用化妆品，可能会伤害女孩脸上的皮肤，造成女孩一些关于皮肤的问题。

艾琳从小就长得很漂亮，皮肤白皙，一头黑发，在进入初中以后，艾琳的身高突飞猛进，让艾琳拥有了班上很多女生羡慕、男生欣赏的高挑的身材。这让原本就爱美的艾琳更加得意，觉得自己已经成长为小女人了，于是艾琳也开始非常注重穿衣打扮，经常看一些时尚杂志，自己搭配衣服。现在妈妈给她买衣服，艾琳都不穿了，都是自己去商场买，每天上学前光在穿哪件衣服上就要浪费很多时间，妈妈经常催促艾琳。

虽然是这样，艾琳还是觉得自己缺少点什么。在看到那些时尚杂志上的女模特都化着精致的妆容的时候，艾琳明白了，自己就是因为没有化妆，脸上太干净，所以才显得没有光彩，看来自己也要开始化妆才行。于是艾琳就和妈妈要钱买化妆品。平常只要自己说买什么，妈妈都会给艾琳钱的，但是这次妈妈没有给艾琳，还告诉艾琳不能化妆。

这让艾琳很生气，妈妈每天上班都化妆，凭什么不让自己化呢？于是艾琳就总是趁妈妈不在家的时候，用妈妈的化妆品，打扮完了就和同学出去逛街，同学们都说化了妆的艾琳更美了，艾琳高兴极了。

一个周末，爸爸妈妈说要到姨妈家去，姨妈家在另一个城市，艾琳说自己有聚会不能去。妈妈没有说什么，就和爸爸离开了。妈妈刚走，艾琳就躲到妈妈的房间开始化妆，这次还找出了妈妈的高跟鞋穿上，因为这次聚会不是只有女生参加，还会有男生，艾琳想让大家都注意到自己。可是她正画着眼线的时候，妈妈忽然回来了，说自己忘了带手机，看到艾琳在化妆十分吃惊。

艾琳在妈妈说话之前就先说："我们班上的女孩子很多都化妆了，我不化的话就没有她们漂亮了。你又不给我钱买，我只能用你的了。"

妈妈因为急着去赶车，就没有多说什么，只是说："等我回来我们再谈这个问题，你先去参加聚会吧。"虽然妈妈没有训她，但是说回来再谈，还是让艾琳心里忐忑不安。

很多青春期的女孩都跟艾琳一样，开始爱美，开始爱打扮自己，但是她们却不知道什么该做什么不该做。父母要及时发现孩子的一些不良行为，然后给孩子讲解这些行为的坏处，让孩子健康爱美。对于化妆，还是尽量在18岁之后，而青春期的女孩年龄大多是在12到18岁，还没有成年，这个时期就用化妆品容易给孩子带来伤害。

而进入青春期的女孩，生理会发生一系列的变化，特别是随着内分泌功能的变化，少女的皮肤会变得洁白细腻，富有光泽和弹性。这样楚楚动人的美丽肌肤，根本不必再用化妆品来修饰，本身就是非常美的一道风景。

当然，青春期的女孩爱化妆也可能是因为还不知道化妆品对自己的危害，所

### 父母要告诉女孩青春期化妆的一些危害

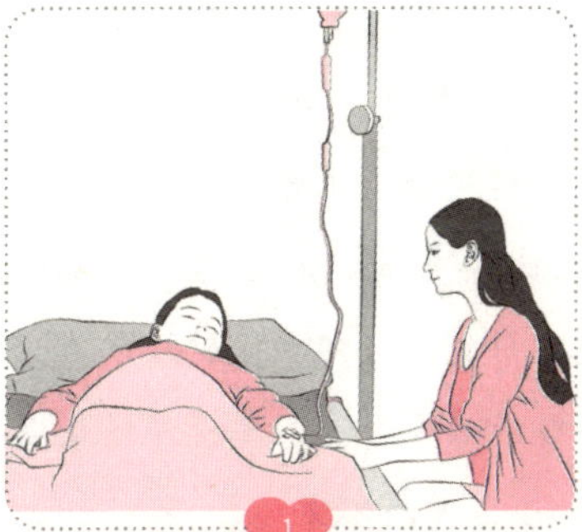

1 容易导致免疫力低下

2 伤害皮肤

父母应该告诉青春期的孩子化妆品中的粉质、油脂等会阻碍皮肤的“呼吸”，给皮肤带来不良刺激。因此，可以让孩子从外面回到室内的时候，注意及时清洗。清洗时可用温水和香皂，而不必过分强调用洁面乳等。

以父母面对化妆的女孩，不必强制其改变，而是应该让女孩明白其中的利害关系，还要让女孩明白：父母是可以理解她们爱美的心情的，但是什么年龄就应该具有什么样的美，青春期的这种美应该是天然的、富有朝气的，是用任何化妆品和人工的修饰都无法达到的！因此，让她们明白，青春期女孩化妆是不可取的。

## 穿衣追求名牌

现在我们的生活条件越来越好，穿名牌、用名牌也逐渐成为一种时尚。但是对于青春期的孩子来说，过分追求名牌，容易让孩子产生攀比心理和虚荣心理。青春期的孩子都还处于上学阶段，应该以学习为重，如果太在意打扮，相互攀比，容易迷失自己。

读初中的小谷是个非常漂亮的女生，学习成绩也很好，而且还很会拉小提琴，在亲戚朋友眼中，这是个十分让人喜欢的女孩子。但是，她也是十分奢侈的，身上的衣服非名牌不穿。除了上学期间学校硬性要求学生穿校服以外，小谷的鞋子一定要买“百丽”的才行，平常穿的休闲衣服也要是名牌，不是“淑女屋”就是“韩都衣舍”，就连自己的腰带也要讲究，一定要镶钻还要真皮的。一旦妈妈买来的衣服不满足小谷的条件，小谷就开始耍性子，不是不吃饭就是不去上学。有时候妈妈从一般的商场买来的衣服，小谷坚决不穿。

父母对小谷也是十分头疼，实在不明白年纪小小的小谷为什么这么热衷于名牌。而小谷的理由就是：“让我穿这些，我怎么好意思出去见人啊？我的同学浑身上下都是名牌，我要是没有，别人会笑话我的。”

不仅如此，小谷还非让爸爸给她买手机和高档自行车不可，原因也是别人都用这个牌子的。可是去年的时候小谷的爸爸刚刚给她买了手机，现在又要买一部

6000多元的手机，还说自己的旧手机拿不出手，会让同学们笑话的，可是去年买的时候这部手机也要2000多元呢。

其实小谷这样的青春期孩子不是一个特例，这已经成了青春期孩子中的一种普遍现象。尤其是那些家庭条件优越的孩子，他们从小就穿名牌衣服，玩高档玩具，吃优质食品，于是，进入青春期后，便学会了互相攀比着穿名牌、用名牌。

其实，父母应该首先就不要迷恋什么品牌，给自己和孩子买衣服的时候只要大方得体就可以了。家长用自己的语言和行为去影响孩子，让孩子有一个正确、健康的审美观。如果孩子还不知道人间疾苦，父母完全可以带着孩子去自己工作的地方参观一下，让孩子了解自己平时所花的钱都是怎样一点一点挣来的，父母每天都付出了多少辛劳才让他有了这么好的物质条件。

青春期的孩子已经不是很小的孩子了，等孩子有了追求名牌的心理之后可能就很难改正了，所以父母一定要防患于未然，从小教育孩子养成节俭的良好品质。

## 孩子爱名牌的心理

### 显示自己的身份

很多孩子都把追求名牌看作显示自己家庭的经济实力和审美水平的标准，似乎只有穿上、用上了名牌，才能抬高自己的身价。

### 从众心理作用

孩子看到某些成年人穿名牌，在从众心理的作用下，便产生了想穿名牌的念头。

## 有的孩子认为抽烟很潇洒

现在很多青春期的孩子，尤其是男孩子，把抽烟当作成熟的标志，认为抽烟可以让自己看起来很潇洒，很成熟，很有魅力。在抽烟的时候，他们觉得自己就像大人一样。但是时间一长，孩子们便会染上烟瘾，而处于青春期的他们，身体发育尚未成熟，过早地抽烟，对身体的发育有害无益，而且还会严重影响孩子的学习进步。对于青春期孩子抽烟的问题，应该及时教育纠正。

青春期孩子的吸烟行为可能是从影视作品中学来的，但是更多的可能是受父母的影响，尤其是父亲的影响，或者是要好的小伙伴的影响，他们出于好奇或者模仿就开始吸烟。对于青春期孩子的抽烟问题，家长也是很矛盾的，教育孩子说抽烟有危害，让他们不要抽烟，但是父母自己也许就总是在抽烟。所以，家长如果自己在抽烟，就很难制止孩子，或者即使是说教也很空洞和苍白。在青春期孩子的眼中，抽烟就是会让他们觉得自己很有派头，也是一种吸引别人注意的方式。

韩华今年刚刚15岁，可是已经学会抽烟了。他看到自己的爸爸经常抽烟，而且在社会上看到很多成年男士都是抽烟的，韩华觉得自己已经长大了，自己也抽烟的话会让别人觉得自己很成熟。于是，韩华开始偷偷拿爸爸的烟来抽。刚开始韩华觉得抽烟一点也不好，经常会呛得咳嗽。可是，慢慢地他就习惯了，而且学会了很多吐烟的方式，在学校里，几个平常关系很好的同学都羡慕自己，想要跟自己学呢。

现在韩华一天都要抽半包烟才过瘾，一下课他就和几个男同学躲到厕所里抽烟。有一次被老师发现了，老师带他们到办公室里，把他们狠狠训了一顿，还让他们写了保证书，保证以后都不抽烟了。可是韩华他们根本没有戒掉，只是抽烟的场所变了，或者几个人一块出去抽烟，一个人负责望风。

韩华的爸爸有一次下班比较早，就到学校去接儿子，结果发现韩华和几个男

## 男孩的吸烟心理

尽管“吸烟有害健康”人尽皆知，在许多公共场所禁止吸烟已经被人们所接受。但是仍有很多男孩吸烟的情况日趋严重，很多孩子出于各种心理，就会染上烟瘾。

### 时髦心理

有的孩子认为吸烟是一种时尚，否则就会落伍，只有加入吸烟喝酒的队伍，才能赶上时代潮流。

### 好奇心理

青春期的孩子对于很多事都想试一下，体验一下。看到别人吞云吐雾，自己也想体验一下吸烟的滋味。

### 模仿心理

有时孩子看到影视剧中正面人物在思考问题比如制订作战计划时都在抽烟，或者是父亲等长辈吸烟，自己也想去模仿，心理上认为这样就很像男人。

### 反抗心理

对家长、老师的训斥不敢当面顶撞，心里的抵触无法发泄，便用吸烟喝酒来发泄。

## 父母怎么帮助孩子改掉吸烟的习惯

父母要做好让孩子远离香烟的关键一环，将严加管理与正确引导相结合，帮助孩子改掉吸烟的习惯，将他们从“烟井”旁拉回来。

### 让孩子对吸烟产生一种厌恶感

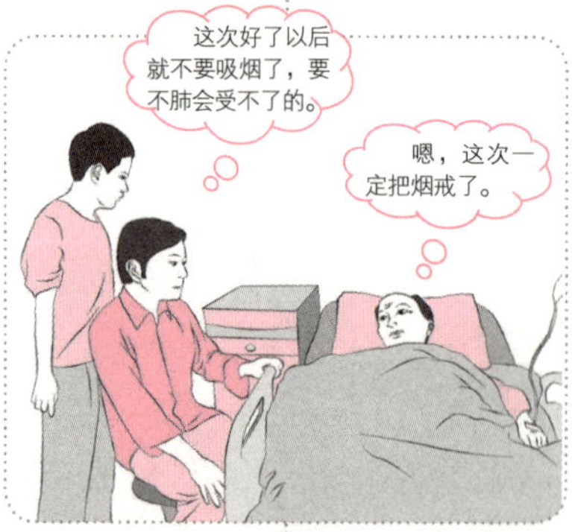


采取一定的措施，如陪孩子观看吸烟者死于肺癌的电影，或者其他现身说法的教育，让给孩子看后、听后确实感到害怕，感受到吸烟的危害性，从而厌恶吸烟。

### 切断消极影响源

很多孩子是在同学或者同伴等的吸烟的行为影响下才开始吸烟的，所以，割断这些消极的影响源，规定孩子在一定的时间内不接触这些孩子，让孩子不再有复发吸烟的机会。

### 消除吸烟有益的错误观念

有的孩子认为吸烟可以提神、消除疲劳等，这些毫无科学根据。父母应该告诉孩子吸烟对自己身心健康的严重危害及成才的巨大影响，让他们明白吸烟就是在自杀。

生在操场的墙角处抽烟，韩华的爸爸气坏了，直接带他回家好好教训了一番。可是韩华却一点也不在意，还说："你要是能把烟戒了，我也戒烟。你要是做不到，以后就不要管我，我们各抽各的。"

在生活中，很多父母对待孩子抽烟这种不良行为的时候，总是喜欢采用暴力解决，根本就不去了解孩子为什么会吸烟，也不知道孩子吸烟成瘾是怎么造成的；有的父母在管教几次之后就开始采取放任的态度，对孩子吸烟的行为睁一只眼闭一只眼；还有的父母本身就有烟瘾，看孩子抽烟还会教孩子怎么抽，抽什么牌子的。这些不正确的态度使得青少年吸烟的人数越来越多。

所以，父母要做好让孩子远离香烟的关键一环，既不应对他们放任自流，也不应暴力解决，更不能鼓励孩子去做，而是应该将严加管理与正确引导相结合，在孩子还没有养成烟瘾之前，将他们从"烟井"旁拉回。

许多男孩吸烟是为了自我显示，表示自己具有真正男子汉的成熟形象，很有风度。因此，家长可以采取改变与吸烟有关的价值观念，使吸烟的孩子感到：吸烟有损于其纯真的形象，吸烟只会让他人产生反感，显示出的是不良品行的倾向。这样，孩子就会在新的价值观念的支配下，有效地做到不再吸烟。

当然，很多孩子开始吸烟的时候，正是失去学习兴趣的时候，绝大多数成绩不好的孩子更容易吸烟上瘾。所以，帮助孩子将精力集中在学习上，是纠正孩子吸烟这个坏习惯的治本措施。父母可以经常过问和辅导孩子的学习，随时鼓励孩子学习上的每一点进步，使孩子将主要的精力和活动时间用在学习上。这样将有助于孩子戒掉吸烟的恶习。

# 第十章 青春的心，被“网”住了

## “网”住孩子心的到底是什么

现在正是一个价值多元的时代。这个时代给人们带来的是自由，个性的自由，同时也有人们对自由的困惑；带给人们的是开放，也让人们感受到了精神上的孤独。

现在的青少年所面临的是一张通天接地的网络，它的一端是天使，一端是恶魔。青少年踏进网络就会在天使和恶魔之间游移，要走向那一端完全取决于青少年的自我心理、精神的选择，取决于孩子自我价值的选择。

王浩现在读初中二年级了，在这之前，王浩的成绩还算可以，虽然不是前几名，但至少是上等。爸爸妈妈觉得只要他努力，还是可以考上一所好一点的高中的，毕竟男孩子小的时候不爱学习，等长大了，知道学习的重要性了，成绩很快就会提上来的。

但是王浩的成绩却没有往父母期望的方向发展，反而还下降了，但是也没有很大幅度的下降，所以父母一直认为是初中学业压力很大造成的。只有王浩自己清楚，他的成绩之所以没有上升反而下降是因为他自从升入初中以后就很喜欢上网。

在王浩刚刚升入初中的时候，爸爸给王浩的房间里装上了一台台式电脑。爸爸的本意是因为孩子升入初中后，学习的东西多了，而父母都很忙，可能没有办法经常辅导王浩的学习，所以让王浩上网查阅一些学习的信息。刚开始王浩也是这样做的，但是不久之后，在其他男生同伴的影响下，王浩开始频繁地上网玩游戏、看视频等，结果到后来上网好像没有任何的学习目的了，都是用来玩的。

有一次，王浩又在玩游戏，妈妈喊他吃饭他都没有听到，结果被妈妈狠狠训了一顿，爸爸还把家里的网线切断了，不让王浩再玩游戏。王浩每天都觉得魂不守舍，在课下和其他男生聊天的时候也没有话题了。王浩原来每天都会在网上和一个女生聊天，感觉像是恋爱一样，虽然他没有见过这个女生，但是每次聊天两个人都很投缘，好像有说不完的话一样。王浩本身是个很内向的孩子，在现实的生活中，他根本不敢和女生说话，可是在网络中，他什么话都敢说，他觉得在这种虚拟的世界中比在现实中自在多了。

爸爸把网断了之后，他没法和那个女生说一声，不知道她会不会着急。为了能上网，王浩开始想办法到附近的网吧去。于是王浩每天都很早从家里去上学，连早饭也不吃，就跟爸妈要钱买早饭，其实他都没有买早饭，而是把钱攒下来，到下午放学之后就去网吧上网。只有在上网的时候，他才会觉得生活有意思。

孩子上网影响成绩，是父母最担心的问题，可能父母并不了解孩子上网到底都在玩什么，只是觉得成绩下降了就是上网惹的祸，所以坚决不让孩子上网。可是家长是不可能随时监督孩子的，就像事例中的王浩一样，爸爸把家里的网断了，他就到网吧去，没有钱就不吃饭攒钱。所以，面对孩子上网，家长应该找找原因，了解孩子到底为什么上网，又都干了什么，然后根据原因对症下药，引导孩子回到现实的世界中，加强学习，成绩自然就会回到以前的水平，甚至更高。

但是家长也不用谈“网”色变，网络并不是只会给孩子带来不好的影响，大家都知道网络是一把双刃剑，父母要做的不是让孩子完全屏蔽网络，而是应用其利而避其弊，积极引导孩子科学理智地使用网络，成为网络真正的主人。网络的作用，父母已经深深体会到，也要教会孩子利用网络信息的庞大和快捷，为生活带来方便，然后还要让孩子多多参与现实中的一些事情，比如带孩子出去旅旅游，打打球或者玩一些健康的游戏等，让孩子在现实中感受生活的美好，培养他们更多的兴趣爱好，他们就不会一直沉迷在网络世界中了。

## 父母这样做，孩子可以健康上网

### 1 掌握网络知识，不做网盲

父母不懂网络，就不能正确引导孩子健康上网，所以父母首先应该学习一些网络知识，可以在孩子上网的时候给孩子一些好的建议。

### 2 和孩子一起上网

父母和孩子一起上网，不仅能起到监督的作用，还能共同探讨网络中的很多问题，可谓两全其美。

### 3 定规矩，合理上网

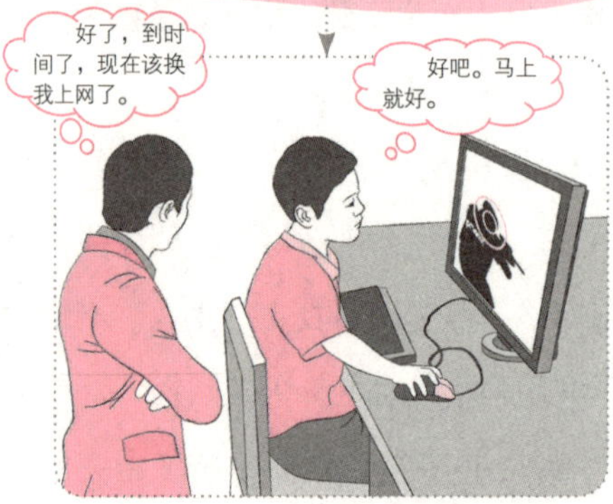


父母在制定规矩的时候，要和孩子心平气和地商量，规矩要尽量是双方都能接受的才行，这样才有利于执行。

### 4 把电脑放在家里的“公共场所”

把电脑放在客厅或者书房等大家都可以随便出入的地方，可以有效帮助孩子安全上网。

## 沉迷于网络游戏无法自拔

现在有一个现象正引起人们普遍的忧虑，这就是有相当比例的青春期孩子上网成瘾。网瘾产生的后果极为严重，学业荒废不说，还包括身体健康的损害，心灵的孤独和空虚，人际关系上也容易产生人际隔离。这让家长们不得不开始思考一个问题：为什么孩子这么容易陷入网瘾中？其实，这并不是网络的问题，而应该从孩子身上找原因，或者说从家长、老师的身上找原因。

沉迷于网络游戏，使得青春期孩子失去了现实努力及由此获得的快乐与幸福。我们每一个人，无论是青少年还是成年人，都应该通过现实的努力来实现自己的理想，并体验人生中的艰辛、困难、成功与快乐。但是一些青春期的孩子因为沉迷于网络世界，放弃了现实中的努力，而是希望在虚拟的网络世界中找到自尊、成就和成功。说到底，这就是青春期孩子的一种逃避的行为，是对现实的一种逃避，到头来他们的自尊必然会被现实击得粉碎。

张睿是个追求个性、时尚前卫的中学生。张睿的家庭也很幸福，家里就只有他这一个独生子，爸爸妈妈都很宠他，爷爷奶奶也很疼爱他。现在的青少年有的东西，只要张睿张口，什么都会有。

张睿现在的手机、电脑都是必备的东西。上学的时候不方便带着电脑，张睿就让爸爸妈妈给他买了平板电脑；在家里，张睿说台式电脑不能随处使用，爸爸二话不说就给他买了一台笔记本电脑。刚开始的时候，张睿虽然也有跟同学攀比的心理，但是他还是真的使用这些东西来学习的，上课听不懂的他就上网查一下，所以成绩也还不错，爸妈也很放心。

自从张睿升到初二之后，成绩就开始有下降的趋势，而且回家之后他总是躲在自己的房间不出来，早晨都要妈妈喊好几遍才起来，每次都是睡不醒的样子。父母觉得他肯定是出现什么问题了，就开始观察他。果然，张睿是迷上了网络游戏，放学回到家里他在房间不是学习，而是打游戏。有时他甚至跟妈妈说不饿就不吃晚饭了，一直打游戏到很晚；有时爸爸让他睡觉，他一边答应着，一边来到床上，改用笔记本电脑接着玩。

父母很生气，觉得这样不仅影响了他的学习，还影响了他的健康，于是父母决定和张睿认真地谈一次，可是没说几句，张睿就开始顶嘴，爸爸一气之下就打了他，没想到张睿负气地离家出走了。爸妈找了附近所有的网吧，给他同学打电话，都没有找到他，只好报警。几天之后，他们还是在网吧找到了张睿，原来他坐车到了很远的地方找了一家网吧，吃住在里面，一直在玩游戏。父母找到他的时候，张睿双眼通红，神情呆滞，一看就是没有休息好。

对于青春期的孩子来说，玩网络游戏势必会影响孩子的学习，同时影响他们的身心健康，就跟事例中的张睿一样。青少年一旦进入网络游戏往往能连续待在上面几个小时甚至十几个小时不休息，显得精神抖擞；下网后却精神疲倦、思维迟钝、目光呆滞、表情木讷，对现实生活失去兴趣。如果不能天天按照已经习惯的方式和时间上网的话，他们就会变得坐立不安、焦虑和无所适从，上网的愿望特别强烈，并且把网络游戏中的攻击、打斗、竞争，甚至是许多暴力的景象现实化，还有的严重迷恋的孩子会分不清现实和虚拟，造成道德上的认知模糊，认为只要能够达到自己的目的，即使是通过伤害他人的方式也是合情合理的。

一旦沉溺于网络世界，长时间地面对电脑，青少年的日常生活规律就会被完全打破，饮食不正常，睡眠减少，导致头昏眼花，发育不良，身体也会变得越来越虚弱，比如视力下降、脊柱弯曲、免疫功能下降等。

很多家长想让孩子摆脱网络游戏，但是网络时代网络游戏的魅力实在太大了。有的家长为了不让孩子上网，用尽了所能想到的各种办法，甚至会向孩子下跪。有的家长用转学校的方式让孩子断绝上网的念头；有的家长和孩子之间，朋友没有做成，却成为相互较量的敌手，在争吵中互相较劲，可是往往最后投降的还是父母，孩子就会更加有恃无恐地上网玩游戏了。

其实，上网也不是“洪水猛兽”，网络游戏也不是说坚决不能玩，但是凡事应该有个度。作为父母，一定要对孩子的上网行为做出指导，要让孩子明白，他们能在网络游戏中寻求到心理满足，同样也能在现实生活中得到。

## 沉迷于网络的孩子怎么教育

面对沉迷于网络的青少年，想要帮助他们学会正确上网要根据不同的情况具体分析，具体方法包括勤于沟通、转移注意力、行为约束等。

### 勤于沟通

父母在与孩子沟通的时候不应简单地过问学习成绩，而应把孩子当成朋友，关注他们的感情世界，和他们一起探讨他们感兴趣的话题。

### 帮助孩子转移注意力

喜欢网络游戏的孩子都很聪明，而且动手能力也很强，所以家长可以转移他们对网络的注意力，多搞一些活动，充分发挥他们的特长，逐渐把孩子的求知欲和好奇心引向健康轨道。

### 适当地进行行为上的约束

对于沉迷于上网的孩子千万不要强迫其立即停止，也不能放任不管，可以约定上网的时间和次数，然后逐日递减。

## 网瘾宜“疏”不宜“堵”

现在的孩子大多生活单调，心灵孤独，渴望倾诉、分享、发泄，而网络正迎合了孩子的这种心理。网络游戏丰富多彩，古灵精怪，甚至有的还惊险刺激，这正迎合了青春期孩子的心理发展特点；网络聊天工具的广泛应用，使孩子能够在网上和朋友或者陌生人，尽情地、毫无顾忌地去倾诉和发泄。因此，孩子为了追求心理上的平衡，便对网络产生了依赖，当然，也就不知不觉地染上了“网瘾”，久而久之就深陷其中，荒废了学业甚至走上违法犯罪的道路。很多父母为此担惊受怕，对孩子采取强制措施，殊不知这恰恰激发了孩子的逆反心理，孩子上网有过之而无不及。所以，对于孩子上网的问题，家长宜“疏”不宜“堵”。

晓峰是个非常聪明的孩子，也很听话，在他读小学的时候，常常把以后要学习的知识提前学会了，爸妈还因此让晓峰跳了一级。邻居们都夸晓峰，都说晓峰是个小神童。爸爸妈妈也感到很骄傲。

晓峰在升入初中之后学习更加刻苦了，他很聪明，老师一点就透，于是爸妈就让晓峰提前参加中考，晓峰果然不负众望，成功考入市里的重点高中。晓峰上的小学和初中都是普通学校，刚刚进入重点高中的晓峰感到很新鲜，充满了好奇。他的年龄比同班的孩子要小，虽然学习上他的成绩很好，但是有些方面还是不如年龄大的孩子成熟一些，于是有些同学在玩耍的时候并不喜欢和晓峰一块玩。

晓峰觉得有些受到排斥，于是经常在放学后自己回家到房间里玩电脑、打游戏。可是没有想到，晓峰就这样迷恋上了网络，经常迟到、早退，就为了多玩一会儿游戏。爸妈知道后严禁他在家玩游戏，让他多学习，晓峰就到附近的网吧去玩。课堂上，晓峰虽然还在上课，但是心思已经不在学习上了，每天上课也是精神无法集中，脑子里都是在想游戏中的事情，根本没有心思听课，到了课下又急着去玩游戏，因此，晓峰的成绩受到了很大影响。

不只是成绩，晓峰自从迷上网络之后，就变得任性执拗，还爱撒谎，经常顶撞父母。原本为儿子骄傲的父母看到孩子这样玩物丧志也十分痛心。为此，父母不但断了家里的网线，还不给他多余的零花钱，每天只给他5块钱让他吃中午饭。

晓峰为了上网，只好不吃午饭省钱去网吧。可是5块钱根本就不够他玩的，为了得到钱，晓峰开始不断地偷父母的钱，还偷学校里的一些贵重物品去卖，换成钱就到网吧去。学校发现后为这样的学生头疼不已，多次教育处分晓峰都毫无作用，没办法学校领导就和他的父母商量给晓峰办了休学。

## 孩子上网宜“疏”不宜“堵”

很多家长在孩子频繁上网之后，都会采取“堵”的方式对待，但是结果却不尽如人意，那么家长该怎么面对这一问题呢？可以参考以下几条建议：

### 不要对孩子上网亮“红灯”

现在的孩子为了上网会有很多种办法躲避父母，所以只是不让孩子上网并不能解决问题，应该对孩子加以引导教育，让电脑成为孩子学习的帮手。

### 抽时间多与孩子沟通，引导孩子健康上网

父母知道孩子上网不要惊慌，完全可以将计就计，借助网络引导孩子开阔视野，让互联网成为孩子获取信息和学习资料的有效工具。

另外，家长应该让孩子知道网络是一把双刃剑，所以让孩子拥有一定的辨别能力和正确的判断标准，自觉抵制不良网络文化和垃圾信息。

父母实在没有办法了，就商量着把孩子送去专门戒除网瘾的地方。晓峰知道后非常气愤，骑着自行车就走了，父母以为他肯定又去上网，也就没有当回事，可是一连三天晓峰都没有回家，到第四天父母开始着急，到处去找他，都没有找到，这个时候父母才报警。

例子中的晓峰，本来是一个聪明、乖巧的孩子，从小到大一直在别人的羡慕和表扬声中长大，更是父母引以为傲的儿子。但就是沉迷于网络，让这个优秀的孩子最终被迫休学、离家出走。不只是晓峰这样，青少年上网的问题已经引起教育界的重视，很多父母更是“谈网色变”。为此，大多数父母对于孩子的上网行为采取果断措施，坚决不让孩子上网，如果孩子打开电脑，父母就在旁边看着，如果父母不在家，就把电脑设上密码，让孩子看得到电脑却用不上。

其实，这样只会引起他们的逆反心理，可能孩子上网真的是查查资料或者只是放松一下，父母这样的态度就会让他们偏要去玩游戏，偏不听父母的话。

事实上，父母还可以挤出一定的时间，与孩子共同探讨网络、研究网络、使用网络，这个过程，乃是父母与孩子之间进行互动的过程，既可促进孩子与父母之间的交流、沟通、理解，也是父母了解孩子内心世界的最好方式。

## 网络聊天让孩子陷入情感的旋涡

网络以其自身独特的优势，如即时性、交互性、便捷性等，在社会发展中起着越来越大的作用，同时也不可避免地渗入青少年的学习、生活中。

但是处于青春期的孩子身心还不成熟，意志力较差，对各类诱惑缺乏抵制力，加之生活阅历较浅、缺乏美丑善恶的判断力等，很容易沉溺其中。不少学生沉迷于游戏，沉迷于聊天，有的学生因此而荒废了学业，荒芜了生活。

在如今高科技时代，网络已经成为许多人生活中不可或缺的一个重要组成部分，人们甚至连恋爱也在网上谈了起来。在网络中，虚幻的情感使得许多青春期的孩子为之神魂颠倒。也许正是虚幻的魅力，给予大家一个想象的空间，也给了网恋一个极大的市场。但是毕竟网恋有的只是情感上、精神上的沟通，真正在现实中才能得到发展，否则不过是空中楼阁、海市蜃楼、水中月镜中花，太虚幻、太难以实现了。青春期衔接着孩子的童年和青年，是人生的岔路口，是长身体、

## 对于网恋的孩子父母该怎么办（一）

如果发现自己的孩子正在网恋，父母可以试着从以下几个环节入手：

1

假装不知情，以某种正当的理由限定孩子的上网时间和次数。

2

生活上给孩子更多的关爱。增强家庭成员之间的情感交流，能使孩子体会到家庭浓浓的亲情和爱意。

3

关注孩子的日常学习生活，帮助他们养成良好的生活、学习习惯。孩子旺盛的精力都被利用起来，自然就没有闲工夫再沉迷于网恋了。

学知识、立志向的重要时期。失败的网恋，会让孩子有一种说不出的痛。因此，父母一定要对此引起重视，别让孩子成为网恋的牺牲品。

另外，因为网络具有虚拟性和隐匿性的特点，因此会有很多的弊端。很多社会不良人士将魔手伸向了青春期的孩子，因为青春期的孩子缺乏自我控制和自我保护的能力。很多青春期的孩子更是单纯地认为网络中有纯真的友谊和恋情。其实，并不尽然，当孩子对网络另外一头的朋友已经信任时，或许就会陷入危险中。近年来，很多不法之徒利用网络对青少年实施犯罪的案例不断出现，而少女因为迷恋网络而犯罪甚至丧命的悲剧也频频被报道。

静静是个很安静的孩子，没有几个朋友，就这几个朋友也都是表面上的朋友，静静根本就没有可以深入交心的朋友。平常她也不愿意和父母聊天，总是一个人在房间学习或者上上网。父母觉得孩子没有朋友，没法把自己的心事说出来，而父母和她谈心她又什么也不说，于是对于孩子上网在网上和别人聊天就没有很上心，觉得孩子总还是要有个倾诉的对象，尤其是在青春期的孩子，肯定会有很多困惑或心事要说，或许静静就是在现实生活中不好意思说出来，所以才选择在网络中说。

但是静静在读初三的时候，学习成绩开始下降，妈妈就找静静问是怎么回事，静静只说初三学习压力大，自己的状态不好等。静静从小不爱撒谎，所以妈妈就信了，还特意跑到书店去买了一些辅导书给静静。但是有一天在静静上学的时间，妈妈给静静整理房间，发现给她买的辅导书都在书桌上放着，打开一看，里面非常干净，很明显女儿根本就没有看一眼！这让妈妈有些吃惊，因为静静平常虽然不爱说话，但是学习还是很认真的。

妈妈知道问静静肯定也问不出什么，于是就自己开始留心观察。有一次，妈妈没有敲门就进入静静的房间，结果静静立刻就关掉了聊天窗口，可是妈妈已经看到女儿在和一个男孩聊天，两个人还开着视频呢。之后妈妈又陆续发现静静在和别人打电话，都是躲在房间用很小的声音讲话。

妈妈觉得女儿可能是网恋了，只是不知道对方是什么样的人，是女儿认识的呢，还是只是网友根本没有在现实中见过。于是妈妈就在静静放学后和静静聊天，静静一直低着头不说话，妈妈说什么她也不反驳。妈妈以为她听进去了，可谁知道女儿根本还是我行我素，跟那个男生一直联系，学习成绩也一降再降，到最后直接成了班里的倒数。

妈妈只好开始监督孩子上网，不准静静再聊天，在家里上网的时候必须妈妈在旁边看着才行。静静从此不再在家里上网。妈妈又以为自己的方法见效了，可没想到女儿居然开始去网吧了！

## 对于网恋的孩子父母该怎么办（二）

1

多带孩子参加户外活动，让孩子充分享受现实世界的美好。同时鼓励孩子多参加学校集体的活动，让孩子见识到更多优秀的同龄人，就不会盲目沉迷于网恋。

2

要培养孩子广泛的兴趣爱好。沉迷于网络的孩子大多都是精神空虚的，没有什么兴趣爱好。因此，父母可以通过唱歌跳舞、绘画、种花草、旅游等，培养孩子多方面的兴趣爱好，充实孩子的精神世界。

3

要与老师经常保持联系，掌握孩子在校的全面情况。一旦发现孩子有什么异常，就要及时与孩子沟通，多去理解和关注孩子的成长。

出于对孩子的爱，很多父母现在每天的任务就是监督好孩子的上网情况，就跟静静的妈妈一样，不让孩子单独上网，不能视频聊天等，但是孩子真的就顺从父母了吗？并不见得，青春期的孩子本来就比较叛逆，如果父母管得太严，孩子就会产生逆反心理，后果可能会更加严重。而这正是父母管教的方式不正确导致的。青春期孩子的心是难以捉摸的，对于热衷于网络的孩子，父母一味地制止是没有用的，对孩子因势利导才是上策。

孩子网恋其实并不是什么大的问题，家长可以换一个角度想一想，孩子之所以会网恋，是因为孩子长大了，有了情感的需要。最重要的是父母如何面对和接受孩子的这一行为，如何去引导孩子健康发展。家长可以抽时间多陪陪孩子，给孩子创造一个真正的温馨快乐的家庭氛围，让孩子能够真正融入家庭，肯对父母敞开心扉，这样父母可以以朋友的方式和孩子聊天，了解孩子的内心，才更有效地帮助孩子健康成长。

当然，父母也应该在平时多关心孩子的情感动向，如果孩子的网恋影响到了学习，可以选择恰当的时机，和孩子交流一下，但是在交流中一定要把握好语言、方式，切忌伤害孩子稚嫩脆弱的情感，造成孩子的逆反和抵触的心理，或者给孩子的成长留下阴影。青春期的孩子就像透明美丽的易碎品，父母一定要轻拿轻放，要能够放下心态，真正走进孩子的心灵。

## 如何让网络充分发挥积极的教育效应

人类已经进入21世纪，信息技术日新月异。父母要想让孩子能适应现代文明，就必须引导孩子健康上网，为孩子建立起一个绿色、安全、健康的网络天地。很多父母为了避免孩子受到网络的毒害，因噎废食，其实，这样并不是解决孩子上网问题的正确做法。上网并没有那么危险，对于青春期的孩子来说，网络究竟是好是坏，其实可以取决于父母如何引导孩子正确上网。孩子上网，不但可以掌握计算机和网络应用技能，还可以拓宽视野。但是青春期的孩子好奇心强，渴望知识，面对游戏以及网上那些花花绿绿的虚拟世界，常常缺乏冷静而客观的态度。父母一定不能掉以轻心，要积极引导孩子正确认识网络，正确使用网络。

不可否认，网络的“副作用”是客观存在的，但是也不能将其“一棍子打死”。互联网是社会发展的必然趋势，它为青少年打开了一扇通往外部世界的窗户，以便捷、高效的方式为青少年提供了求知和学习的平台。青少年可以通过网络找到所需要的信息，在网上还可以与老师和同学们进行交流。

可见，网络是有其积极的作用的。当然，我们也知道网络的消极影响有很多，给青少年造成了不好的影响。但是父母在对待孩子上网的时候，一定要辩证看待，不能采取“堵”的方式，比如切断孩子的网线，不让孩子进入网吧，孩子只要

## 父母如何引导孩子上网

1

以身作则，父母也要健康上网

如果父母自己沉迷于网络，孩子必然会效仿，家长在管教的时候也没有立场可言。所以，父母首先要有健康的上网方式，引导孩子健康上网。

2

不要杜绝孩子上网，网络并不是洪水猛兽

让孩子远离网络只能是权宜之计，长期远离信息时代最重要的工具会让青少年的素质和心理健康受到很大的影响。网络也有其有利的一个方面，关键是如何运用这一工具，所以家长不能一味杜绝孩子上网，而是引导孩子正确上网。

一玩游戏就进行批评教育等，这样不仅不会让孩子戒除网瘾，还可能让青春期的孩子产生叛逆的心理，反而更不利于孩子的健康成长，由此引发的问题会更加多。

程程现在正在读初二，班上的男生没事就在一起讨论，而最多的时候是在探讨网络游戏，比如哪个游戏最好玩，又出了什么新的游戏等。最近，班上的小朱告诉程程网上有了一个新的超级好玩的游戏。程程回到家里就赶紧去试试，结果真的超乎想象。程程那一天连作业都没做，玩到12点多才睡觉，第二天还被老师批评了一顿。

程程毕竟还是个孩子，对什么产生了兴趣之后，就一门心思扑在上面。连续好几天，程程都在玩这个游戏，上课的时候程程就一直盼着快点放学，恨不得飞回家里去玩。有一天，程程照样在玩游戏，妈妈在厨房做饭，做好饭之后就喊程程吃饭，他专心地在玩游戏，根本没有听到妈妈喊他。妈妈喊了几声之后见他没有回应，就生气地来到程程的房间喊他，发现程程在玩游戏，就生气地说："我还以为你在做作业呢，没想到是在玩游戏，赶紧出来吃饭！"

"这一局马上就完了，你先吃。我玩完就吃。"程程的眼睛根本就没有离开电脑屏幕。

妈妈听儿子这样说更加生气了，可是转念一想，如果和孩子硬碰硬，肯定起不到作用，还会让彼此都不高兴，只会适得其反。于是，妈妈压住心里的火气，对儿子说："那你先玩吧，我和你爸爸先吃，不过等你吃完饭妈妈想跟你谈一谈。"

晚上吃完饭，程程帮着妈妈收拾了碗筷，然后坐在妈妈身边，爸爸也坐在沙发上准备发言。

"程程，你这个年纪就是爱玩的年纪，你玩玩游戏妈妈也觉得没什么，但是你有没有发现，你最近玩得有点太久，都已经影响你的学习了呢？"妈妈首先开腔说道。

"是吗？"

"是啊，上次测验你的成绩下滑得很厉害啊，妈妈觉得有点担心了呢。而且你睡觉也很晚了，吃饭总是急急忙忙的，妈妈担心时间一长，你的身体会受不了。"

"也是啊，可是，这个游戏是新出来的，班里的同学都很迷这个，我也很想玩玩呢。”

爸爸这个时候插话说：“那你看这样好不好，以后你放学回来的时候，在晚饭前电脑归你玩，你玩游戏还是查资料你自己支配。但是吃饭以后，电脑就归我用，爸爸也来体验一下你们年轻孩子的游戏，然后我们还可以交流一下玩游戏的心得，如何？”

“爸爸也来玩吗？那我们以后就有话题聊了！不过周末的时候我得自己占用一天的时间。”程程对爸爸的提议很感兴趣，不过还是想再讨价还价一下。

## 引导孩子上网的措施

要严格控制孩子的上网时间和内容，网络上的不健康的内容会对自制能力较差的孩子产生误导作用，父母可以在电脑上安装网络过滤软件，并且发现问题的时候要及时采取对策。

教育孩子安全上网，不要透漏个人信息。家长要告诉孩子不要把个人账号、住址、生日等信息暴露出去，防止孩子被居心叵测的人诱导。

要引导孩子去上一些启发性强、有关自然科学文化知识的网站，并引导孩子学会查找一些他们认为有趣的信息。

“没问题，周六的时间归你，但是爸爸也有一个要求，你在周六的时间不能全部用来玩游戏，至少要用三分之一的时间来学习。”

“OK，我们就这么决定了。”程程高兴地接受了爸爸的要求。

程程的父母教育孩子的方式很值得其他父母学习和借鉴，面对孩子沉迷于网络游戏，他们并没有采取很多父母常用的禁止措施，而是和孩子促膝长谈，帮助孩子认识到迷恋网络的危害，并为孩子指出了解决的措施，在这个过程中，不仅使得亲子关系更加亲密，还让孩子学会了正确上网，一举两得。

网络是个父母和老师都很关心的话题，孩子作为重要的一员肯定要参与到这个问题中来。尤其是进入青春期的孩子，他们在网上相当活跃。当然，青春期的孩子还不成熟，自我控制能力也很有限，面对网络中的各种诱惑，很多大人都难以抵制，更何况是孩子呢。但是不可否认，孩子也可以从网络中查询大量的学习信息，这将有助于孩子开阔视野，见识到很多事物和知识，可以足不出户看遍大千世界，这无疑是对孩子有好处的。

所以说，网络是有利有弊的，关键是看使用网络的人如何利用，既然青春期的孩子无法控制自己不受诱惑，那么，父母就要对孩子的上网行为加以监督和引导，当然，在这个过程中要使用孩子可以接受的方式方法，而不应简单粗暴地制止，只有这样，孩子才肯听父母的话，并在父母的引导下学会正确使用网络，让网络成为孩子获取知识和信息的有用工具。

## 孩子陷入网瘾的背后

青少年沉迷于网络，在他们个人主观方面的原因是现实生活中缺乏人际交流。这种缺乏交流可能是因为自我保护意识太强，通过网络中的虚拟生活，青少年满足了社会交往、娱乐、战争、冒险甚至是赌博等需求。在网络游戏中，有很多人同时在玩，游戏者可以和其他人进行交流、组队参战。

青少年心理上还不成熟，有的孩子学习压力太大、家长期望过高，而网络游戏不仅能够宣泄压抑的情绪，还能获得成功的体验，从而对自己产生认同感，找回自信。对那些在家庭和学校人际关系较为紧张的孩子而言，网络游戏营造的虚

**中学生上网的心理原因**

1

学校心理环境单调压抑、竞争激烈，不能为学生提供优质的交流空间。

2

由于一些学校的课外活动不丰富，许多中学生觉得生活极其枯燥乏味。

部分青少年学生性格内向，在现实的生活中难以找到与他人平等交往的机会。

3

有一部分学生在学习上遭受到挫折，在人际交往方面不顺心，很少有机会体验成功的乐趣。

4

拟世界可以使他们避免现实中的许多不愉快，在自己能控制的这个世界中，得到愉快的体验。许多网络游戏还富有挑战性、刺激性、赌博性、迷惑性，甚至有很多不健康的黄色内容，这种诱惑对青少年来说非常大。

张明的性格非常内向，从小就是这样，到了青春期以后，张明就更加内向了，几乎没有朋友。父母的工作也很忙，没有多少时间来管教他。但是由于他从小就比别的男孩子听话，倒是也不用爸妈多操心。他每天按时上学放学，学习成绩虽然不是名列前茅，但也还说得过去。

到了初中三年级，妈妈给张明买了一台电脑，想让他好好学习。结果就在买来电脑不久之后，张明就彻底迷恋上了网络，每天放学就坐在电脑前上网，根本没有心思学习，经常晚上玩到很晚甚至通宵上网，第二天上课就在课堂上睡觉。他的成绩一落千丈，眼看着就到了班里的倒数几名。老师终于还是打电话告诉了张明的父母他在学校中的一些表现以及他现在的成绩，希望父母可以管教一下。

张明的妈妈开始不断在张明的耳边灌输上网的危害，总是在张明玩游戏的时候进他的房间强迫他结束游戏开始学习，可是往往妈妈一出来，张明就又开始玩。后来张明直接把自己反锁在房间里，不准父母再进入自己的房间。

张明的妈妈把网线切断了，希望孩子可以好好学习，可是这个时候的张明已经上网成瘾，忍受不了没有网络的日子，整天烦躁不安，拿着自己的一把木头剑到处乱戳，床单、衣服都被他戳了很多个窟窿。痛苦的他甚至举着木剑向妈妈咆哮："我受不了了，赶紧接上网线，不然我就打你了！"

可是妈妈坚决不给他接上，总是找各种理由往后拖。就这样，家里的电脑有三个月的时间没有网线，张明也没法上网，有时他要出门去上网，妈妈也不给他钱。张明跟要疯了一样，在家里横冲直撞，到处乱翻，每天都是一头暴怒的小狮子，他甚至没有办法去上学了，因为他完全没有办法让自己平静下来。

但这三个月太难熬了，无论对张明还是对家人。后来谈起这段时间的经历，张明的妈妈跟别人说："孩子说没有电脑就要打我，我做妈妈的当然非常痛苦。但有什么办法？我总得先接纳他，即使他不去上学了，我也要平静接受。"

张明的妈妈争取的是跟孩子交流的机会。“有空的时候，我们会聊天，话题与游戏、上学都没有关系。如果他想聊就多聊会儿，不想聊就不聊。”她形容自己当时的状态是“外松内紧”，表面上把一切都不当回事。后来，张明回校读书的时候，是从初二开始重读的。

其实父母要想让有网瘾的孩子戒掉网瘾，就应该先了解孩子为什么会有网瘾，到底是什么让孩子迷恋上了这个虚拟的世界。

## 三种方法帮孩子戒除网瘾

艺术疗法

艺术疗法就是帮助青少年培养其他好的兴趣，比如绘画、音乐、舞蹈等，就是让孩子通过其他爱好分散注意力。

运动疗法

运动疗法就是通过打网球、高尔夫或者骑马等有益的体育活动来分散孩子的注意力，帮助孩子戒除网瘾的方法。

自然疗法

自然疗法就是到自然环境里去享受自然的风光，或者是通过其他人与人之间非常良好的一些互动等非常温馨、非常自然而且非常温柔的办法，来帮助孩子解决心理上的一些问题。

第一，青少年进入青春期之后，成人意识强烈，觉得自己已经是一个大人了，什么事都可以自己处理，不需要别人帮助。

但事实往往相反，他们经常无法解决现实生活中遇到的困难。再加上现在的孩子多为独生子女，从小受娇宠惯了，一点小小的挫折可能就会令他们无法接受，具体表现为情绪波动比较大，控制情绪能力不强。无法解决实际问题、受挫后情绪不稳定，使得这些孩子不自觉地去寻找一个能充分满足自己的世界，网络恰好为他们提供了这一条件。在网络世界里，他可以解决任何问题，他可以完全逃避现实，他的情绪可以得到充分的宣泄。

第二，家庭关系紧张，无法与父母进行很好的沟通是青少年选择网络的又一主要原因。

父母是孩子最好的老师，孩子在确立人生观、世界观最关键的时期尤其需要来自父母的正确指导。很多父母更习惯于那种“家长命令式”的教育方法，忽视了青少年的叛逆心理。造成了青少年偏要和父母对着干的局面：你们不让我打游戏，我偏要这么做。

第三，学习成绩差，自暴自弃。

大多数沉溺于网络世界不能自拔的孩子，学习成绩都比较差，他们在现实生活中体验不到学习所带来的成就感，往往会选择网络来满足自己。

第四，青少年自控能力差，冲动性强，一旦陷入网络游戏，明知会影响学业，但是却不能自拔。

根据孩子上网的原因，我们不难看出，父母、家庭的关怀是帮助孩子最好的方式。父母不要动辄就打骂孩子，不要流露出对孩子彻底失望的想法，要耐心地与孩子进行沟通，要让他们充分地感受到自己并没有被抛弃。孩子们为了爱他的家人，为了宝贵的亲情，也会彻底与网络游戏划清界限的。此外，还要不断对这些孩子进行安抚，要努力发现他们各自的优点并沿着这一方向加以引导，培养他们的自信心，增强他们与人交往的能力，使他们逐步适应现实社会。同时，专家还呼吁社会多开展一些健康、有益的文体活动，让青少年旺盛的精力得到发泄。